日本科学情報 著

渡部潤一 監修

宇宙[illegible]かる、宇宙のはなし

むずかしい数式なしで最新の天文学

KADOKAWA

はじめに

～あなたはいま宇宙を旅している～

宇宙へようこそ。
あなたはいま、宇宙に立っています。

……と突然言われたら、あなたはどう感じますか。おそらく、にわかには信じられないことでしょう。

私たちが「宇宙」という言葉を耳にしたとき、真っ先に思い浮かべるものは、大気圏の外にある真っ暗で何もない真空の空間です。だから突然、「あなたはいま、宇宙に立っている」と言われても、「それはありえない」と否定したくなるのです。

そもそも、「宇宙」とは何でしょうか。

１３８億年前に突如として宇宙は誕生しました。その未知なる歴史を人類が解き明かそうとする宇宙は、科学とロマンが交錯するなんとも不思議に満ちた世界です。あるいは科学と宗教が拮抗《きっこう》した歴史ともいえるでしょう。

かつて科学者たちは、「宇宙は地球を中心に回っている」と信じていました。空を見上げ、詳細に研究を進めていくとやがて、地球も太陽系の構成要素の一つだったことに気づきます。

私たちが宇宙について考えるとき、つい「地球」と「地球の外にあるもの」とを区別してしまいます。しかしよくよく考えると、地球も宇宙の一部ということに気づかされます。

宇宙空間に存在する物質は、私たちの生活とも非常に密接に絡んでいるのです。

居間に座って本を読むとき、そこには床があり、椅子があり、あなたは空気を吸ってくつろいでいます。家の外を想像すれば、道路には車が走り夜でも昼でも人は経済活動を行っています。地球の周りにはＧＰＳ衛星が周回し、車やスマートフォンの位置を知らせてくれます。そして、遥か遠くで発生した太陽の光は、地球までやってきて、我々の日常を明るく照らしています。

これらの出来事もすべて宇宙と深い関係があると知れば、驚くでしょうか。

「広大な宇宙」という言葉は、単にマクロな世界だけのことではありません。ミクロに目を向ければ、原子、素粒子といった世界もまた宇宙といえます。

そう、地球に住んでいる私たちは、すでに宇宙に来ているということなのです。


広大な宇宙で起こる現象は、地球上では考えられない不思議なことばかりで、私たちを惹《ひ》きつけて止みません。

もちろん、宇宙を知ることの魅力は、ロマンだけではありません。宇宙の法則を学ぶということは、宇宙に存在する地球、そして宇宙に存在する「私たち」について学ぶことにもつながります。


１８７９年、ドイツ南西部で生まれたアルベルト・アインシュタイン。５歳になるまで言葉をあまり発することなく、他人と会話をしなかった彼は、父からもらった方位磁石の不思議に興味を持ちます。

自然界の仕組みや数学を学び始めた彼は、９歳でピタゴラスの定理を証明し、12歳で微分、積分を学びます。

このころ、彼は天文学と物理学に興味を持ち始め、様々な研究に没頭します。

アインシュタインが26歳のとき、物理学発展に多大な影響を与える4つの論文を発表します。

光の正体を原子のような粒子でもなく、また波でもない、量子であることを提唱した「光量子仮説」。

液体や気体中に浮遊する微粒子が、不規則に運動する現象を説明する「ブラウン運動の理論」。

そして、電磁気学的現象、および力学的現象を説明する「特殊相対性理論」です。

当時、特許庁に勤めていたアインシュタインを知る人はほとんどおらず、まったく注目されなかったこの3つの論文は、現代の物理学を支える根幹の理論としての地位を確立していくことになります。

そしてのちに彼は、特殊相対性理論に重力を組み込む「一般相対性理論」を発表。重力によって光が曲がること、宇宙にはブラックホールが存在すること、重力や動く速度によって時間が遅れることを予言したのです。

難しい単語が並び、私たちの生活に全くなじみがないこれらの論文たち。私たちの生活とかけ離れた現象を説明している内容であるため、実感がわきません。しかし、この3つの論文が現代の私たちの生活を支えています。

例えば、現在位置がわかるスマートフォンです。

GPSをオンにすれば当たり前のように現在位置を表示する技術は、アインシュタインが一般相対性理論を発表していなければ実現が遅れていたか、実現すらしていなかったかもしれません。

また、彼が発表した光量子仮説は、現代物理学の根幹、量子を説明するとともに、私たちの周りにあふれる光の正体を解き明かす論文でした。

ブラックホールを予言した一般相対性理論は、スマホの位置情報に結びつくなど、宇宙と私たちの生活は密接に関係しています。――いや、私たちが宇宙に住んでいるからこそ、宇宙の謎を解き明かすことが、身近な生活にも変化をもたらしているともいえるはずです。

現在、宇宙の謎を解き明かそうとする領域は、アインシュタインが説明する重力と、目に見えないミクロな世界を説明する量子論です。

詳しくは本編で紹介しますが、私たちの周りで発生するありとあらゆる現象は、この2つの理論ですべて説明できるようになりました。一歩足を踏み入れることとさえ拒んでいるかのような厳しい宇宙の環境と、暖かく快適な地球上の環境も、同じ宇宙の現象として、説明できるようになったのです。

アインシュタインによって飛躍的に進んだ物理学。

一方、彼もまた私たちと同じ一人の人間です。

世の中を変える理論を構築した彼でさえ、数字の記憶は苦手であり、記者から尋ねられた光の速度を答えられず、彼は「本に書いてあることをなぜ覚えておく必要があるのか？」と言ったとされています。

また、１９２１年から海外旅行に出かけたアインシュタインは日本に立ち寄り、講演を行っています。彼はのちに、息子に書いた手紙の中で、日本人は謙虚で知性と思いやりがあり、芸術に対する真の感覚を持っていると述べています。

そして、研究でアインシュタインに接した物理学者ロバート・オッペンハイマーは、彼の性格を「まるで子供のような好奇心を持ち、とても頑固だ」とも述べています。

そんな宇宙科学や天文学、そしてそれらにまつわる人々のロマンに触れるたび、私はワクワクが止まりません。

——さて、ご紹介が遅れました。私はＷＥＢ動画クリエイターの午《ご》後《ご》正《しょう》午《ご》と申します。ＹｏｕＴｕｂｅでは「日本科学情報」というコンテンツで、宇宙や物理学にまつわる謎や疑問を、「難しい数式なし」で解説する動画を投稿しています。

宇宙科学や物理学は、どうしても数式がつきまとう分野のため、ややとっつきにくいイメージがあります。ですので、私がコンセプトとして掲げる「難しい数式なし」で解説するのは簡単ではなく、いわゆるユーチューバーの方々とは違い、短いスパンでの動画投稿はできません。下調べや資料集めの時間をしっかり確保し、おおよそ１か月に１本のペースで投稿しています。

おかげさまで多くの方から好評のコメントをいただき、２０２１年10月時点で16万人を超える方にチャンネル登録をしていただいています。そしてこのたび、これまで投稿した動画内容を書籍化する運びとなりました。書籍化するにあたり、原稿を一から見直し、大幅な加筆修正を行っています。

そして今回、書籍化にあたり、国立天文台副台長の渡部潤一氏にご監修をいただきました。この場を借りて厚く御礼を申し上げます。

本書を読めば、宇宙や物理学の研究と、私たちの生活との深い結びつきを感じていただけるでしょう。冒頭にお話しした通り、「宇宙」は、「私たちの生活」と密接に関わっています。その事実を知ったまさにいま、宇宙について深く知るときなのではないでしょうか。

繰り返しますが、難しい数式は一切登場しません。若い人からご年配の方まで多くの人に読んでいただきたいと願い、タイトルは『宇宙一わかる、宇宙のはなし』としました。

それでは、あなたの「宇宙感」を変える旅へ出発しましょう。

日本科学情報（午後正午）

ブックデザイン：西垂水敦・松山千尋（krran）
本文イラスト：齋藤光
DTP：有限会社ティー・ハウス

宇宙一わかる、宇宙のはなし　目次

はじめに —— 2

第1章 —宇宙とはなにか—

宇宙はどのように生まれたか？ —— 22
引力と重力の違い／万有引力を発見したニュートン
万有引力の問題を解決した一般相対性理論／宇宙の定義
宇宙は一点から始まる／宇宙誕生から1秒間で何が起こったか
宇宙誕生から1分後／宇宙の膨張を裏付けるもう一つの事実
宇宙の果てはどこにあるか／観測可能な宇宙の大きさは465億光年分
宇宙の最小単位は「素粒子」／量子論と一般相対性理論から生まれた「ひも理論」

宇宙が終わるシナリオ —— 41

宇宙の未来を占う「未知の物質」を発見／ダークエネルギーには3つの仮説がある

仮説❶ 空間が重力に反発する作用を持つ

仮説❷ 空間からエネルギー粒子が生まれては消える

仮説❸ 宇宙そのものに未知のエネルギーがある

ダークマターとは何か？／宇宙の終焉❶ ビッグリップ

宇宙の終焉❷ ビッグクランチ／宇宙の終焉❸ 熱的死／宇宙の終焉❹ 偽の真空死

宇宙理論と技術の発展 —— 52

宇宙を知るためには、ミクロを知る／目に見えない世界をどうやって見るか

人の生活と密接な電磁波／電子レベルの観察はどうするか

理論と技術がぶつかる、量子論の思考実験／重力に量子論は組み込めるか

ひも理論の登場／ひも理論は検証不能

第2章

星のはなし

恒星の種類 —— 68

恒星の生涯は質量で決まる／恒星は軽いほど長生き
太陽より重い恒星の生涯／恒星のコア「中性子星」

中性子星の誕生 —— 77

恒星の生涯／超新星爆発で誕生する中性子星／中性子星の特徴
中性子星の構造／中性子星の爆発で生まれる元素

中性子星の中身はどうなっている —— 88

クォークとは何か／クォーク星に存在するストレンジ物質
ストレンジ物質は、すべてを侵食する／ストレンジ物質=ダークマター説

太陽系はどのくらい大きいのか —— 97

太陽系はどのように作られたか／太陽とは何者か
太陽を周回する４つの「地球型惑星」／地球型惑星❶ 水星／地球型惑星❷ 金星
地球型惑星❸ 火星／惑星になり損ねた「小惑星帯」
太陽を周回する４つの「巨大惑星」／巨大惑星❶ 木星／巨大惑星❷ 土星
巨大惑星❸ 天王星／巨大惑星❹ 海王星／冥王星はなぜ太陽系から外れたか
太陽系の最遠方にある太陽圏、そしてその先は？
太陽圏の向こう側に到達した探査機「ボイジャー」

第3章 エネルギー

エネルギーとはなにか —— 116

熱や電気はエネルギーではない
エネルギー❶ ポテンシャルエネルギー／エネルギー❷ 運動エネルギー
水一滴の持つエネルギーは、原子爆弾に匹敵する

エネルギーから物質を作り出すには／反物質が生み出すエネルギー
宇宙の全エネルギーのうち、わかるのは５％だけ

重力の正体 —— 128

重力を解き明かそうとした科学者たち／万有引力の法則による、惑星の発見
万有引力の法則の崩壊と、アインシュタイン／赤方偏移とは
特殊相対性理論に重力を加えた「一般相対性理論」
重力が強いほど、時間は遅くなる／一般相対性理論で、水星の謎が解けた
一般相対性理論でも解けない物質／アインシュタイン最大の失敗

光の正体 —— 142

光と人類の歴史／光の正体は粒子？／光の正体は波？
光の正体は、粒子と波だった／光の名前は「フォトン」

宇宙の最小単位「ニュートリノ」 —— 153

「宇宙の最小単位」発見の歴史／ニュートリノを知るための「α崩壊」と「β崩壊」
ニュートリノは宇宙科学にどう貢献するか
質量を持つのに、なぜ光より速いのか／観測するためのカギは「水」

第4章

──地球と人類──

地球誕生──168
最初は「雲」／「星周円盤」の様子／月の誕生／宇宙からもたらされた水
いまだ謎多き「生命誕生」／地球の変化と、生命の進化

人類誕生──178
生命は「誰が」作ったか／目に見えない細胞がどう進化したか
ヒトとチンパンジーとの分かれ道／5万年前ごろに獲得した「能力」
「個」から「社会」に進化する

太陽の一生──189
太陽の誕生／太陽の構造／コロナが超高温に達する謎
太陽はどのように寿命をまっとうするか

第5章

―宇宙の移動手段―

太陽消滅前に人類がすべきこと ―― 199

候補❶ 太陽に似た恒星の近くの惑星／候補❷ 赤色矮星

候補❸ 白色矮星／候補❹ ブラックホール

宇宙ごみ問題 ―― 212

ごみはどのようにして生まれるのか／漂うごみの速度と破壊力

ごみ対策❶ デブリを発生させない／ごみ対策❷ 大気圏で燃やし尽くす

ごみ対策❸ 一つひとつ回収する

宇宙エレベーター ―― 221

宇宙旅行の問題は「必要なエネルギーが足りない」こと

宇宙に届くエレベーター／ケーブルの長さと、強度問題

運搬かごをどう昇降させるか／安全性とコスト
身近になるのは、ロケットかエレベーターか

ワームホールは実現可能か —— 231
時空とは何か／ワームホールの種類／①アインシュタイン - ローゼン橋
②通過できるワームホール／人工ワームホールは可能か？

第6章 宇宙最大の謎

ブラックホール —— 242
ブラックホールを予言した一般相対性理論
ブラックホール観測に欠かせない「電磁波」とは何か／波長の長い電磁波
波長の短い電磁波／X線によるブラックホール発見の歴史
ブラックホールはどのように誕生したか／ブラックホールの中を知るには
ブラックホールの種類／ブラックホールにまつわる問題

問題❶ 情報／問題❷ 情報の保存
「ブラックホール情報パラドックス」は解決できるか
❶ 結局のところ情報は保存されず消える
❷ 情報は私たちとは別の宇宙に保存される
❸ 結局のところ情報は保存されている／ホログラフィック原理の課題

ダークマター —— 263
ダークマター候補❶ アクシオン／ダークマター候補❷ WIMP
WIMPの検出／ダークマターの研究は無駄なのか？

第7章 宇宙人

なぜ宇宙人と出会わないのか —— 278
宇宙に地球外生命体はいるか、いないか／フェルミのパラドックス
グレートフィルターによる人類滅亡シナリオ

文明はどこまで進化するか —— 286
3つの「生命の文明」／エネルギー獲得の進化／3000年後に、恒星を支配する銀河系を支配する文明／銀河群を支配する文明
全宇宙を支配する文明、宇宙を抜け出す文明

おわりに —— 299

第1章

宇宙とはなにか

宇宙はどのように生まれたか？

引力と重力の違い

宇宙を理解するうえで、最も重要なのが「宇宙」という言葉がなにを意味するかということです。

そもそも宇宙とは何でしょうか？　宇宙という言葉が意味するものは、時と場合によって大きく意味が変わります。

例えば、私たちが日常で口にする宇宙とは、地球と宇宙を区別するための言葉で、ロケットで宇宙へ行く宇宙旅行などが良い例でしょう。本来ならば地球も宇宙の一部であり、私たちはすでに国内外を〝宇宙旅行〟しているともいえます。

重力と引力

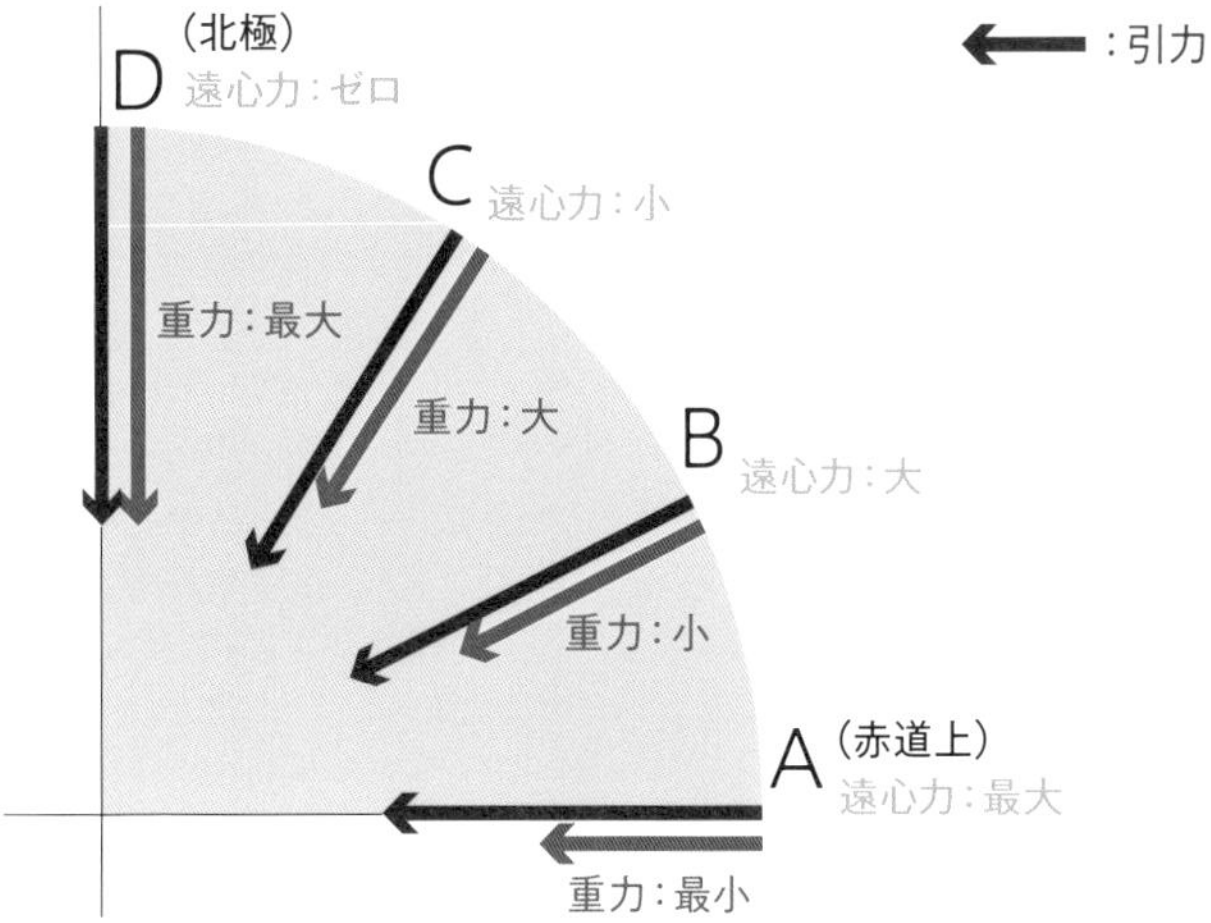

言葉の意味などどうでもよいと思われるかもしれませんが、その言葉が示す真の意味をあらかじめ理解しておくことは重要です。

例えば、「引力」と「重力」という二つの言葉。この二つ、似ているようで違う意味を持つことはご存じのとおりですが、多くの人が誤解しているのも事実です。

星が引き合う力、物質が引き合う力は古典物理学では引力であり、現代物理学の重力となります。

重力は遠心力を差し引く必要があり、引力だと主張する場合、重力の前に修飾語を忘れてはいけません。つまり「地球上の」という単語です。

「赤道は北極に比べて遠心力が大きいため、重力が小さい」というときに使う重力の意味は、「地球上の」という修飾語が省略された重力のことです。

一方、現代物理学が示す重力は、重力中心からの距離が同じであれば、重力は北極でも赤道でも同じです。

本来の重力を引力と表現することが正しかったのは、一般相対性理論が登場するよりも前の時代です。

万有引力を発見したニュートン

重力発見の流れを簡単に見てみましょう。

1665年、アイザック・ニュートンは、質量を持つ物質は、互いが引き合っていることに気づき、一つの公式で表します。それが「万有引力の法則」です。

万有引力の法則は、天体の動きを予測し、計算結果と観測結果を照らし合わせたところ、天体の挙動がぴたりと一致。この瞬間、重力の正体は引力であることを証明したはずでした。

しかし問題が発生します。

太陽の近くを回る水星の軌道を万有引力の法則で計算しても、観測結果と計算結果がず

質量が時空をひずませる

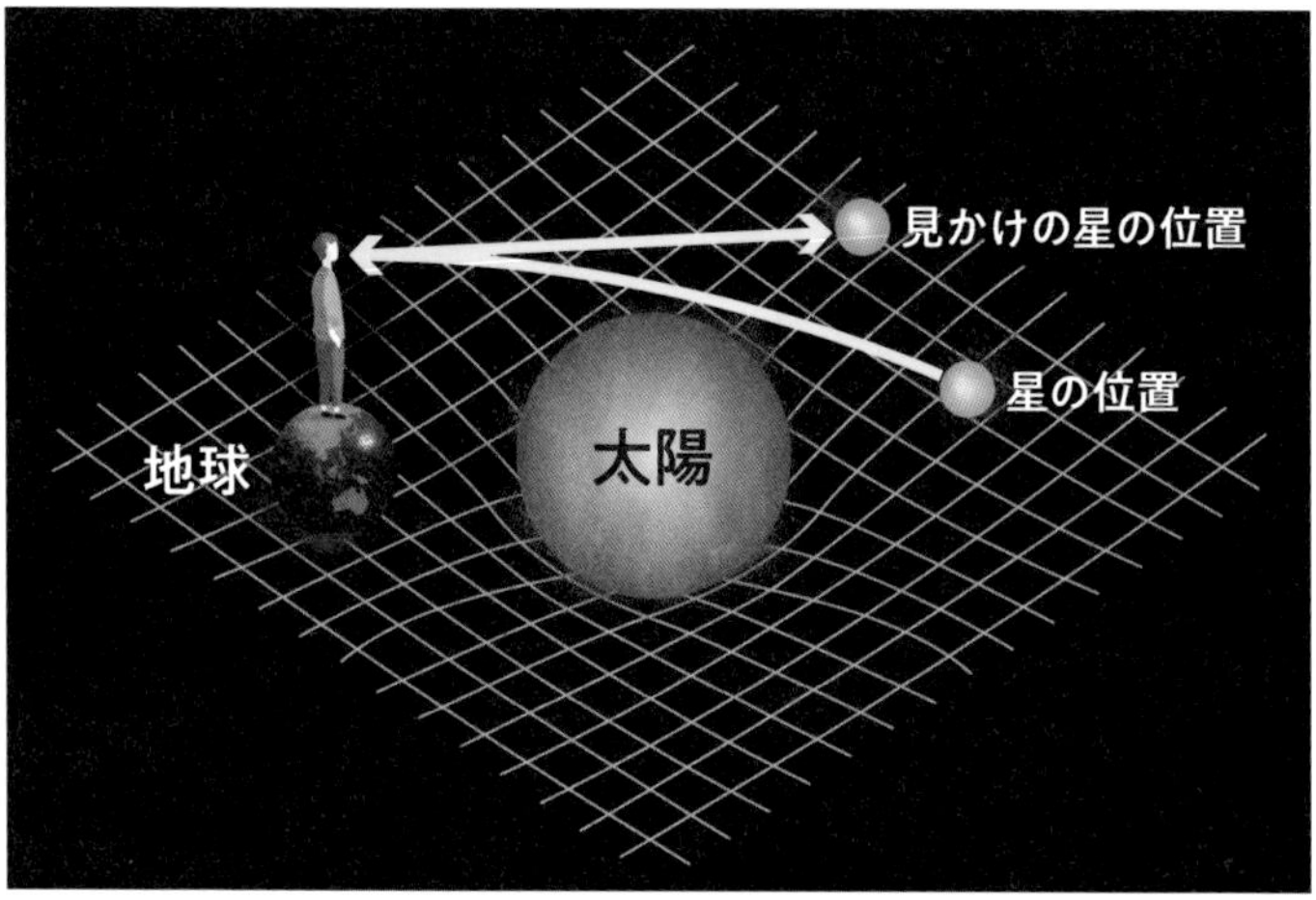

れてしまうのです。この瞬間、正しかったはずの万有引力の法則は崩壊します。重力の正体は、互いを引き寄せる力、「引力」ではなかったのです。

万有引力の問題を解決した一般相対性理論

この問題を解決したのがアルベルト・アインシュタインです。

1915年から16年にかけてアインシュタインは、時間と空間を幾何学上の舞台で表し、その舞台は質量と相互作用することに気づき、一つの公式で表しました。それが「一般相対性理論」です。

要するに、質量は時空をひずませ、このひずみそのものが重力であると考えたのです。

万有引力の法則で計算不可能だった水星の軌道を一般相対性理論で計算したところ、計算結果と観測結果がぴたりと一致。一般相対性理論が重力を説明していることが証明されました。

前置きが長くなりましたが、重力という一つのワードだけでも、目線合わせが必要であることがわかります。

宇宙の定義

では、宇宙という単語はどうでしょうか。

言葉で語ると非常にややこしくなりますが、次の言葉には宇宙の本質が詰まっています。

「地球上から見る宇宙は、暗く寒い真空の空間である」

一方、物理学的な視点で語るなら、宇宙は時空連続体のまとまりであると定義できます。

さらに、現代物理学において宇宙を語るなら、それは生成・膨張・収縮・消滅する「物理系の一つ」とされています。要するに、私たちが思い浮かべる宇宙とは、想像すらできない何かの中に突如生まれた空間のことです。

私たちが作り上げた現代物理学が通用するのは、私たちが住む宇宙の中だけであり、もし別の物理法則を持つ「何か」があるならば、別の宇宙が存在することになります。

ここまで聞けば、宇宙が何を意味するのか目線合わせできるでしょう。

これから紹介する宇宙を「私たちの宇宙」ということにして、宇宙とは何かを理解していきます。

宇宙は一点から始まる

1929年、エドウィン・ハッブルは24個の銀河同士の距離を長期間にわたり観測していたとき、ある発見をします。それは、銀河同士の距離が離れ続けていることです。本来ならば、大質量の銀河が生み出す重力によって銀河同士は近づくはずですが、重力を振り切って銀河同士は離れているのです。しかも二つの銀河の距離が遠ければ遠いほど、銀河同士がより高速で離れているのです。

ここからハッブルは、宇宙が膨張していることを発見しました。

宇宙が膨張しているということは、過去をさかのぼっていくと、宇宙は小さくなっていき、最終的には一点から始まったことが予想できます。

宇宙誕生から1秒間で何が起こったか

膨張する宇宙の発見からさかのぼること138億年。ある一点から突如として空間が誕生します。

空間は4つの基本的な力だけで満たされ、原子や分子はおろか、素粒子すら存在しません。

10の31乗度という途方もない温度で、宇宙を構成する4つの基本的な力である、「電磁相互作用」「強い相互作用」「弱い相互作用」「重力」がまだ一つの力にまとまっていた時代です。

宇宙誕生から10の－43乗秒後、まとまっていた力のうち、重力が分岐します。

重力が分岐してから、10の－36乗秒が経過すると、続いて強い相互作用が分岐し、宇宙は電弱相互作用と、強い相互作用、重力の3つで構成されるようになります。

10－32乗秒後、空間が30㎝ほどのサイズになると、エネルギーから一瞬、クォークなどの素粒子が生まれ、すぐに互いが衝突し再びエネルギーになって消えていきます。宇宙がさらに冷えていく（10兆度）と、生成された素粒子はランダムに相互作用し、物質となり、それが再びエネルギーになる状態を繰り返します。この状態から何らかのきっかけでたま

ビッグバンからの時間の経過

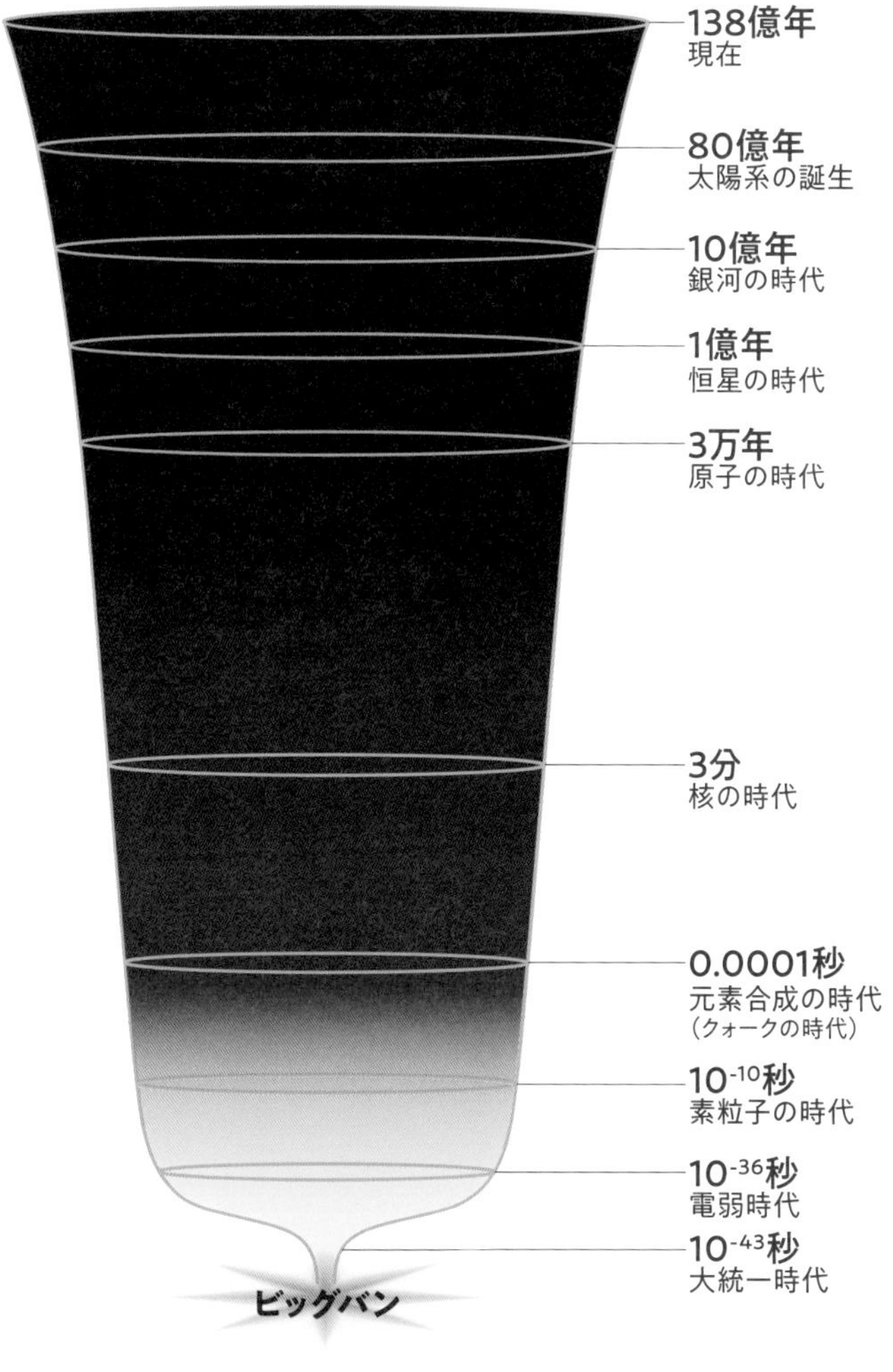

たま我々の宇宙が生まれ、急激に膨張しました。これをインフレーションと呼びます。

エネルギーから粒子が作られるとき、質量とスピン（粒子が持つ固有の角運動量、要するに回転）が全く同じで、電荷が正反対の反粒子が生まれます。そして反粒子が組み合わさった反物質が作られます。

物質と反物質は、互いがぶつかると物質が持つ質量をすべて失い、莫大なエネルギーになります。つまり、エネルギーから物質と反物質が作られて、再びエネルギーに戻る状態がごくごく初期の宇宙というわけです。

エネルギーから物質と反物質が作られるとき、通常、割合はちょうど1対1。ところが、何らかの理由で10億分の1個の割合で物質の量が上回り、消滅しなかった物質が現在の宇宙を構成しています。

宇宙誕生から10の－6乗秒後、電弱相互作用が、電磁相互作用と弱い相互作用に分岐。ようやく、現在の宇宙と同じように4つの力が存在する状態になります。

宇宙誕生から1秒ほど経つと、宇宙が火星の公転サイズほどになり、温度は1兆度まで急速に低下、生まれては消えていたクォークが安定し始めます。

さらに1000億度ほどまで温度が下がると、クォークが結合します。すぐに崩壊する不安定なものもありますが、安定しているものから陽子や中性子が作られ、宇宙が満たされていきます。

いろいろ語りましたが、ここまでわずか1秒。たった1秒の間に、宇宙は劇的な変化をしていました。

宇宙誕生から1分後

宇宙誕生から1分後、宇宙は1光年のサイズまで膨張します。宇宙の温度はさらに下がり、陽子と中性子が結合し、原子核が作られます。

すでに1光年となった巨大サイズの宇宙は、初期に比べ冷たくなっていますが、まだこの段階で宇宙の温度は100億度。電子や陽子、中性子の一部は水素を作ったり、崩壊したり、まだ粒子はバラバラの状態で動き回っていて、ドロドロの熱い空間だったのです。

宇宙誕生から3分後、宇宙はさらに膨らみ、温度も下がり、陽子と中性子が結合した原子核が安定できる温度（1億度）になります。この段階の宇宙ではすでに物質が作られ始めていましたが、この時代の宇宙を光で観測できません。なぜなら、原子核と電子がバラバラに動くプラズマ状態だったためです。電子が自由に動く状態では、電磁波は電子と相互作用してまっすぐ進みません。この空間では光は完全に吸収されてしまいます。この段階を「宇宙の暗黒時代」と呼びます。

宇宙はさらに膨張を続け、原子や分子のガスが広がっていきます。ガスで満たされた宇宙は、膨張する中でガスの濃度が高い部分の重力が強くなり、均衡が崩れます。重力によって星や銀河が形成され、現在の宇宙が形作られました。

宇宙の膨張を裏付けるもう一つの事実

宇宙の始まりを予測できるものは、膨張だけではありません。宇宙誕生を知るもう一つの重要な要素は、宇宙の「背景放射」です。背景放射というと、難しそうに感じますが、その正体は電磁波です。

先ほど紹介した通り、宇宙誕生から38万年ほどの間は宇宙全体がプラズマ状態でした。陽子と電子がバラバラな状態になり、電子が光（電磁波）と相互作用していたため、光はまっすぐ進めません。しかし、電子が原子核にとらえられると、光は相互作用しなくなり、放出されます。このとき放出された光は超高エネルギー状態でしたが、宇宙の膨張とともに、波長がどんどん引き伸ばされていきます。

そして、宇宙初期の光が現在ではマイクロ波（波長が１m～１㎜の電波）ほどの波長にまで引き伸ばされます。実際に宇宙を観測すると、全方位からマイクロ波を観測できます。

重力とプラズマ中の電子と光の相互作用

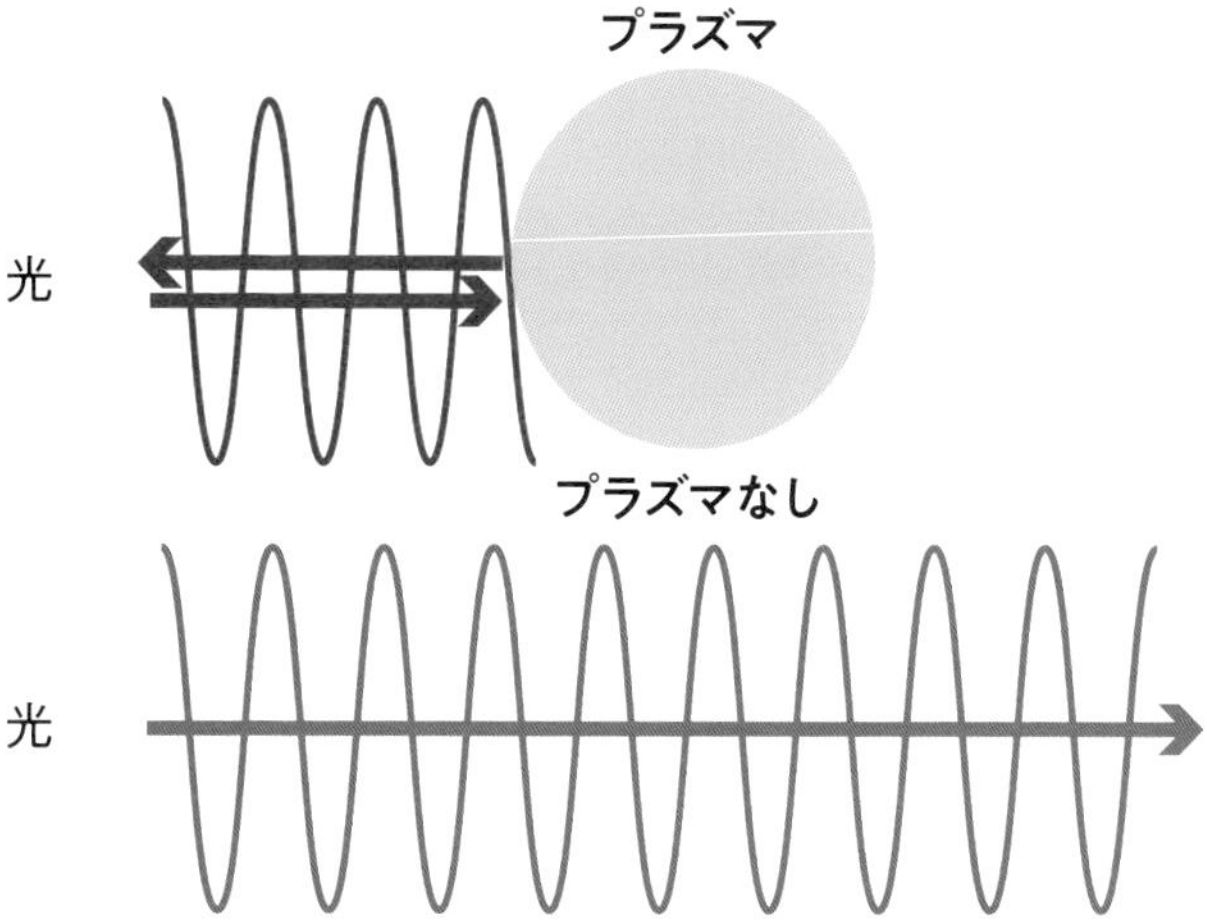

また、宇宙の背景放射を観測することで、もう一つ面白い事実が判明します。全方位から観測できる背景放射は完全な均一ではなく、わずかにムラがあります。背景放射ムラができるには、宇宙は量子揺らぎを引っ張るほどの高速で膨張する必要があります。

これらの結果は、誕生した宇宙が急速に拡張したことを裏付けています。

宇宙の果てはどこにあるか

では、宇宙の構造はどうなっているのでしょうか。

マクロな視点で宇宙の物質を見ると、宇宙を支配しているものは重力です。

宇宙誕生初期の量子揺らぎ、要するに

ムラが、急速な拡張によってそのまま引っ張られます。分布のばらつきは、重力の大きい部分と小さい部分を作ります。重力が大きい部分に物質が集まり、集まった物質によってさらに強い重力が発生します。そして物質は集まり続け、やがて銀河系となり、恒星系や惑星が生まれるのです。

さらに巨視的に見れば、銀河同士は重力で相互作用し、銀河が集まる銀河群、銀河群が集まる銀河団を形成し、銀河団はまるで石鹸の泡のように宇宙を満たしています。この構造が「銀河フィラメント」であり、現在考えられる宇宙最大の構造です。

ここまで理解すると、もう一つ大きな疑問が生まれます。宇宙は果たしてどれほどの大きさなのか？　宇宙に果てはあるのか？ということです。

宇宙のサイズを知るための最大の障壁は、宇宙の膨張です。

現在まで、正しさが証明されている一般相対性理論。一般相対性理論の速度の上限は光であり、それより速いものは存在しません。また、宇宙の加速膨張は光の速さを超えています。よって、もともと一点から始まった同じ宇宙の中でさえ、互いが一切相互作用しない領域が存在します。このエリアは、どれだけ観測技術が向上したとしても、人類が観測する方法はありません。そこで、宇宙本来の大きさとは別に、「観測可能な宇宙」という一つの領域で表現します。

観測可能な宇宙の大きさは465億光年分

観測可能な宇宙はどれほどの大きさなのでしょうか——。

宇宙は138億年前に誕生しました。宇宙誕生直後の光をいま私たちが観測した場合、光の移動距離は138億光年といえます。

光の移動距離、そして138億光年の間、宇宙が膨張していることを含めると、観測可能な宇宙の大きさは地球を起点に半径約465億光年ということになります。よくある誤解として、138億光年より向こう側は膨張速度が光よりも速いから観測できない。よって観測可能な宇宙の大きさは138億光年では?というものがあります。

宇宙の膨張は表面の膨張ではなく、すべての空間が膨張しており、138億光年先の光も観測可能なのです。つまり、膨張によって引き伸ばされた分も加えて465億光年と算出されるのです。

実際に、今現在、超高性能な天体望遠鏡を使い、超遠方の銀河やクエーサー(最も明るい部類の活動銀河核)を見ることができたとしても、それらはすでに光よりも圧倒的に速い速度で地球から遠ざかっています。

465億光年分の観測が可能な理由

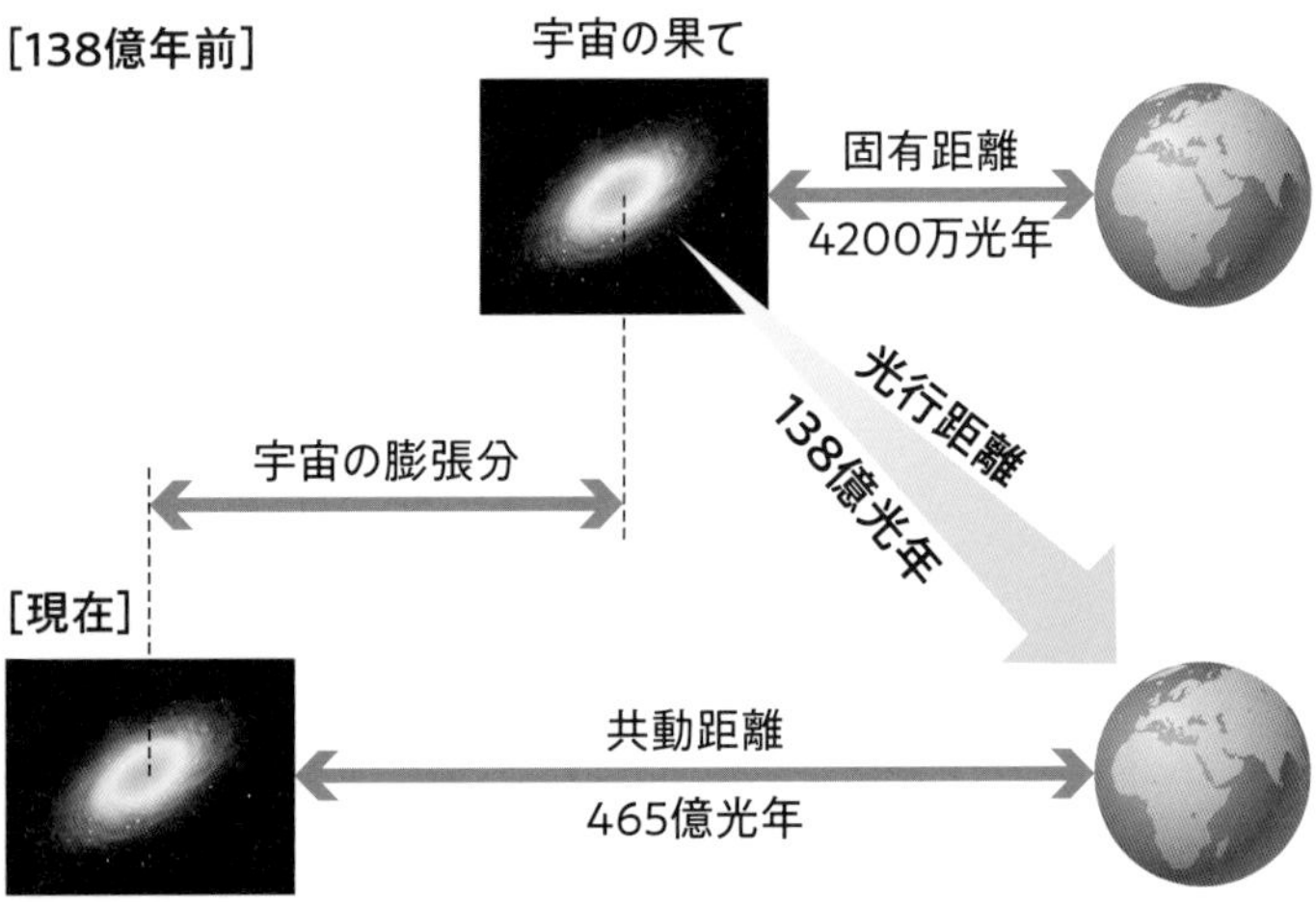

そして、いくら高性能な望遠鏡を使っても、観測できない宇宙の果て、その限界が465億光年であり、465億光年より向こう側の宇宙は、私たちと一切相互作用していません。

ちなみに465億光年は理論上の数値であり、現在観測されている最も遠い距離にある銀河の距離は320億光年。東京大学や早稲田大学の研究グループは、さらに遠い銀河の候補も発見しています。

宇宙の最小単位は「素粒子」

観測可能な宇宙の大きさではなく、宇宙そのものの大きさについて、様々な説が発表されます。しかし、実際のところ全くわかっていません。先ほども述べましたが、観測可能な宇宙よりも外側は、相互作用していません。よって予想することも、そして様々な仮説や理論を証明する方法も一切ありません。マクロな視点で宇宙を知ろうとすると、必ず行き詰まりが訪れるのです。

「巨大な宇宙も小さなものの集まりである」という観点から、現在、宇宙のすべてを知るための研究領域はミクロの方向へシフトしています。

１８９０年代まで、宇宙の最小単位は原子であり、その原子が集まり宇宙を構成していると考えていました。しかし、１９００年前後の研究で、原子は原子核と電子で構成されていることが判明します。さらに、原子核は陽子と中性子でできており、陽子や中性子もまた、素粒子でできていることがわかります。

そして現在考えられている、宇宙の最小単位は素粒子です。素粒子を観察し研究することで、宇宙の理解が深まることが判明します。素粒子とは、物質の最小単位であり、現在判明している素粒子は17種類。１９６０年代にアメリカの研究チームが素粒子の一つクォークを発見したところから始まります。

素粒子を観察すれば、宇宙の理解が深まるはずですが、ここで大きな問題にぶつかります。

それは素粒子を観察する方法です。

物質の最小単位

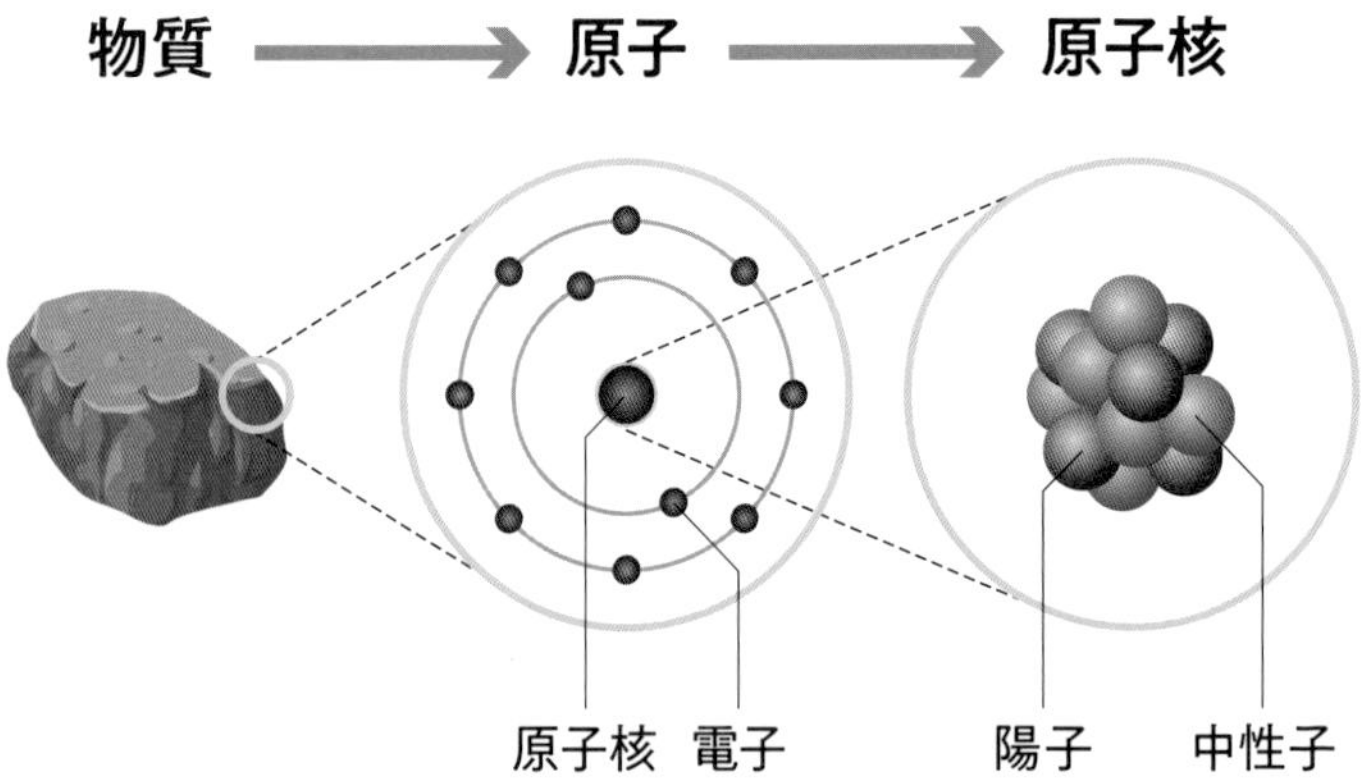

観察しようと素粒子に電磁波を照射しても、サイズが小さすぎてすり抜けてしまいます。すり抜けないように波長を短くして素粒子に触れたとしても、素粒子が変化してしまいます。素粒子のサイズはあまりにも小さく、観察する方法が一切存在しないのです。

現代物理学の標準理論（量子論）では、素粒子を理論的に表し計算するために、素粒子のサイズを「0」「点」とすることに取り決めました。これにより、素粒子を計算できるようになり、ミクロな領域や宇宙の大部分を理解することができるようになったのです。

量子論と一般相対性理論から生まれた「ひも理論」

しかしここで、別の問題が発生します。

巨視的に宇宙を計算する一般相対性理論。一般相対性理論の計算には、宇宙を絶対的な長さで表現することが必須です。

一方、量子論は、宇宙の最小単位をサイズがない「点」として表現します。

どちらの理論も、我々の宇宙を正しく記述していますが、二つの理論を統合しようとすると、数学的に破綻してしまいます。一般相対性理論と素粒子の標準理論は統合することができないのです。これを言い換えるなら、一般相対性理論と標準理論を統合できれば、宇宙を一つの公式で表し、宇宙のすべてを知ることができるはずです。相互作用していない観測可能な宇宙の外側や、宇宙の大きさ、宇宙の始まりの瞬間を知ることができるかもしれません。

二つの理論を統合するために、世界中の物理学者たちが知恵を集めます。

そして、1970年代に「ひも理論」が登場します。

ひも理論は一般相対性理論と標準理論を統合したもので、「この世のすべてを示す万物の理論だ」と注目を浴びますが、やはりここでも問題が発生します。

ひも理論で宇宙を計算するためには、宇宙は10次元である必要があります。私たちが住む宇宙は4次元であり、6次元が余剰となったのです。つまり余剰次元を取り除くことができれば、万物の理論は完成です。世界中の数学・物理学の天才が集まり、6次元を取り除くことに挑戦しました。しかし現在までに、誰一人として成功していません。6次元に関する新しい考え方が生まれるものの、それを証明する方法もありません。結局、ひも理論は万物の理論にならないことが判明しつつあります。

宇宙の観測や現実離れした物理学の研究は、私たちの生活とはかけ離れ、何もメリットを生まない、単なるロマンにも感じます。

しかし、重力を説明する一般相対性理論がGPSを実現し、ミクロな世界を表現する量子論がレーザー技術やコンピュータに革命をもたらし、人類を救い、環境破壊や天災から生命を守ります。宇宙を研究することは、私たちの生活をより豊かなものにしています。

今後、一般相対性理論と標準理論を統合し、この宇宙を説明できる万物の理論を人類が手にすれば、現在、そして未来の人類が持つすべての問題を解決できるかもしれません。

宇宙が終わるシナリオ

宇宙の未来を占う「未知の物質」を発見

ビッグバンによって誕生した宇宙。そんな宇宙の未来、そして終焉《しゅうえん》はいつどのようにして起こるのでしょうか。

未来を知るためには、まず現在の宇宙について理解する必要があります。

１９９０年ごろまで、宇宙はビッグバンの余韻で膨張していると考えられていました。要するに爆発の衝撃で急激に拡張し、時間が経つにつれ宇宙の膨張スピードは緩やかになったということです。

このとき、膨張よりも重力の方が強ければ、宇宙は収縮に転じ、最終的に一点に戻ります。あるいは、重力よりも拡張速度が強いなら、宇宙の広がりは減速しつつも永遠に続きます。このように宇宙の膨張と収縮について、大きく2パターンが考えられていました。

しかし1998年、Ｉa型超新星の観測によって天文学、物理学に衝撃が走ります。Ｉa型超新星を観測した結果、宇宙の膨張はむしろ加速していたのです。

これまでは、ビッグバンによる急激な拡張の力だけで膨張していると考えられていたため、宇宙の未来の考え方が大きく変わった瞬間でした。

宇宙を加速膨張させる要因は何か。それは、「ダークエネルギー」の存在です。

ダークエネルギーには3つの仮説がある

宇宙が膨張するとき、新たに空間が生まれています。そして、宇宙の膨張は加速していることから、ダークエネルギーは空間が持つエネルギーだと考えられます。その理由として、ダークエネルギーには3つの仮説が存在します。

仮説❶ 空間が重力に反発する作用を持つ

空間自体にエネルギーが存在し、活発に活動しています。宇宙が膨張しているということは、空間が増えるということであり、空間が増えていくことで宇宙の膨張は加速されるという考えになります。これはまさに、アインシュタインが「宇宙は静的なものだ」と考えたときに付け加えた宇宙定数そのものです。宇宙定数（ラムダ項）は、重力に逆らう力であり、仮説①のダークエネルギーの性質と似ています。

最新の物理学で、アインシュタインのラムダ項が注目されるのはこのためです。

仮説❷ 空間からエネルギー粒子が生まれては消える

空間は生まれては消える粒子で満たされていて、これがエネルギーの正体であると考える科学者も存在します。

仮説❸ 宇宙そのものに未知のエネルギーがある

これらは、現在の科学で考えられる単なる仮説です。しかし、宇宙は確かに加速膨張しているのです。

ダークマターとは何か？

ダークエネルギーのほかに押さえておきたい未知の物質があります。それが「ダークマター」です。

私たちが普段目にする物はすべて物質です。ヒト、イヌ、ネコは当然、家、車、空気、原子など質量を持つものはすべて当てはまります。あらゆる技術をもって、私たちはすべてのものを観測できると考えてきました。しかし1980年代、銀河の構造と物質の量を計算したところ、銀河の構造を維持するための質量が全く不足し、星が散らばってしまうのです。つまり、銀河の形を維持するには、「見えない何か」が存在するのです。その正体の一つが「ダークマター」です。

これまでの研究で得られた知識を利用（銀河の回転曲線、重力レンズと遠方の天体との比較など）することで、ダークマターの特徴をある程度推測することができます。ダークマターは光を出さず、光を反射しない（光を曲げる）真っ暗なものです。光を曲げるということは、質量を持つか、重力に直接作用することがわかります。

ちなみにダークマターは、既知の細かい粒子ではありません。粒子であれば検出可能です。

反物質でもありません。反物質であれば、物質と作用してガンマ線を放出します。

ブラックホールでもありません。ブラックホールならば、周囲の星にもっと強力な影響を与えます。

残念ながら、ダークマターについて現在わかっていることはこれだけです。正体不明ですが、これまで判明している性質から宇宙を加速膨張させるものではないことは予想できます。

これほどダークマターとダークエネルギーが注目される理由は、宇宙空間上で二つの量が圧倒的に多いためです。現在明らかとなっている物質の量は、宇宙全体の約5％でしかなく、ダークマターが27％、ダークエネルギーが68％にもなります。つまり、ダークエネルギーは全宇宙で最も強力な力を持つものといえるのです。

目に見えない物質がほとんどを占める状況を踏まえ、現時点で考えられる宇宙の行く末を見てみましょう。まず、宇宙の終焉には4つの予測が立てられています。

宇宙の終焉❶ ビッグリップ

ビッグリップは2003年に提唱された、比較的新しい宇宙終焉の仮説です。先ほど述べた通り、宇宙はダークエネルギーによって加速膨張しています。

宇宙の加速膨張はサイズが大きなものから影響し始めます。すでに大きく影響しているエリアは銀河群です。銀河群の中に存在する銀河同士は、互いの重力によってつながっているため、長い時間をかけ接近しています。一方、銀河群と銀河群の間では、互いの重力よりも宇宙の膨張エネルギーが強いため、どんどん離れていっています。そして、その速度は距離が遠いほど速くなり、光の速度を超えています。

宇宙の加速膨張が続けば、次第に銀河系にも影響し始めます。現在、銀河系は、ブラックホールや物質、ダークマターの重力でその形を保っていますが、宇宙の膨張が重力の力を上回ると、銀河の構造はバラバラになります。さらに加速が続くと、地球や太陽の恒星は、自身をつなぎとめる重力よりも膨張スピードが上回り崩壊し始めます。

そして、膨張速度が分子や原子をつなぎとめる力を上回り、宇宙を支配する4つの相互作用すら引き裂きます。

そしてついに、素粒子サイズの領域の空間膨張が光の速度を超えたとき、互いの粒子は一切に相互作用できなくなりバラバラの状態となり、宇宙は死を迎えます。

つまりビッグリップにおける終焉シナリオとは、加速膨張のエネルギーが銀河、惑星、原子、素粒子とミクロにまで及び、すべてがバラバラになった状態を指すのです。

宇宙の終焉❷ ビッグクランチ

ビッグクランチは「膨張加速の巻き戻し」ととらえるとわかりやすいでしょう。

ダークエネルギーの膨張加速が想定よりも弱い場合、ある時点で宇宙自身の持つ重力が優位になります。すると宇宙は収縮に転じ始めます。そして銀河同士は接近し、次第に宇宙全体の温度が上がっていきます。

宇宙の背景放射の温度が太陽などの恒星よりも上回り、星が外側から破壊されます。原子の構造が壊れ、いたるところにブラックホールが形成されます。そして、生まれたブラックホール同士は融合し、一つの巨大ブラックホールを形成し、最終的に宇宙は一点に集中し、死を迎えます。

死を迎えると言いましたが、ビッグクランチにはもう少し続きがあります。一点に集約するということは、つまり、新たなビッグバンが生まれる可能性があるのです。このように、膨張（ビッグバン）と収縮（ビッグクランチ）を交互に繰り返すことで宇宙は生き続けるともされています。

宇宙の終焉③ 熱的死

「熱は高い温度から低い温度へ移動し、その逆は成立しない」という、熱力学の法則（第二法則）を宇宙に適用したときに考えられる終焉シナリオです。19世紀にドイツの生理学者・ヘルムホルツが提唱しました。

宇宙の存在が永遠である場合に、熱的死が起こると考えられています。ここでいう「熱」

とは、エントロピーのことをいいます。エントロピーとは、熱力学において断熱条件下で不可逆性を表す指標のことであり、要するに乱雑さを表します。例えば、熱いお茶が時間とともに室温と同じ温度まで下がるように、またいくら片付けても時間が経てば部屋が散らかるように、宇宙を全体的に見れば、常にエントロピーは増大していきます。

太陽や恒星は、死と誕生を繰り返しながら次第にエントロピーが増大し、宇宙は物質の粒子やガスだけの存在になります。すると、宇宙は最も長寿命のブラックホールだけが漂う空間になります。すべてを吸い込むブラックホールもまた、熱的にエネルギーを放出するホーキング放射によって少しずつ蒸発していきます。

ここまでくると、宇宙は空間に原子がただ散らばる空間となります。

もし、陽子や中性子にも寿命があるなら、それらは長い時間をかけ電磁波を放出し、宇宙は物質やガスすらも存在しない電磁波が飛び交うだけの寂しい世界になります。

長い時間をかけ、宇宙のエントロピーは最大化され死を迎えるのです。

唯一の希望は、量子力学のトンネル効果によってエントロピーが減少し、再びビッグバンが起きる可能性があることくらいです。

宇宙の終焉④

偽の真空死

世の中のあらゆる物質、分子、原子、素粒子はエネルギーを持っています。エネルギーを持った状態というのは、非常に不安定であり、常にエネルギーを放出しようとしています。

例えば、マッチで火をつけると、すべてが灰になるまで燃え尽きます。マッチの状態よりも、灰の方がエネルギーは低く、着火というきっかけがエネルギー放出のトリガーとなります。

量子論の世界で見れば、宇宙のすべての物質はこれらの常識に従い、すでにエネルギーが低い状態で落ち着いています。

しかし、一つだけ例外があります。それはヒッグス場です。

ヒッグス場とは何でしょうか。

完全に真空の宇宙が存在すると仮定してみましょう。そこにあるのは空間だけです。では空間とは何でしょうか。そこには何も存在していません。何も存在しないという場があります。場には静かな海と同じように時々波が発生します。

例えば電磁波。電磁場に電磁波が発生すると光子という粒子が生まれます。電磁波を伝達する粒子です。

同様に、ヒッグス場に波が発生すると、ヒッグス粒子が生まれます。

ヒッグス粒子は17種類ある素粒子の一つであり、素粒子に質量を与える役割を持っています。

ヒッグス場のエネルギー状態は、一つの山を越えるだけの通常の物質とは異なり、大きく落ちた後に、再び小さな山を登り落ちる、二つの山があるジェットコースターのようなものです。

現在の宇宙では、ヒッグス場は一つ目の山を下り、二つ目の山に登れず、谷で休眠している状態で安定しています。

すでに安定したほかの物質と異なり、ヒッグス場は偽《にせ》の安定状態にあるのです。

谷で止まってしまったジェットコースターは力を加えなければ安定したまま動きません。しかし、量子の世界では力を加えなくても山を越える可能性があります。通常、山を越えるには、山を越えられるだけのエネルギーが必要です。しかし、量子論のミクロな世界では、山を越えずに、山を貫通して向こう側に行く現象が起こります。山に掘られたトンネルに例えられるため、これをトンネル効果と呼びます。トンネル効果によって、ヒッグス場が次の山を越える可能性があるのです。

宇宙のどこかで、もしたった一つのヒッグス場が二つ目の山を越えた場合、ヒッグス場が持つ膨大なエネルギーが放出されます。ヒッグス場のエネルギー放出が、ほかのヒッグス場が山を越えるトリガーとなり、その影響は全宇宙に波及します。

ヒッグス場の伝播《でんぱ》速度は光の速度なので、そこから逃れることはできません。崩壊を事前に知ることもできません。宇宙は、ヒッグス場の崩壊に飲み込まれ、すべての物質、空間が崩壊します。ヒッグス場によって生まれるものは、現在の物理学が通用しないため、それが何かはいまのところわかりません。しかし、現在の宇宙は死を迎えます。

万有引力の法則が宇宙を支配していたとき、私たちは宇宙の誕生から終焉まですべてが予測可能なはずでした。しかし、量子力学の不確定性原理の登場で、宇宙は予測不可能なものになりました。

一方、現在人類は、宇宙誕生初期に一つの力から分岐した4つの基本的な力、強い相互作用、弱い相互作用、電磁相互作用、重力を一つに統合しようとしています。

すでに二つの力の統一に成功し、宇宙誕生の0・1秒後の姿を想像することを可能にしたのです。4つの力を統一する、万物の理論を完成させる知能を人類が手に入れたとき、宇宙の本当の姿を我々は知ることになるかもしれません。

宇宙理論と技術の発展

超弦理論、ひも理論。誰もが一度は聞いたことがあるフレーズです。最新理論で、賛否両論があり、難しそうなイメージです。しかし、超弦理論誕生には多くのドラマが秘められており、宇宙の謎を知る重要な理論になります。

宇宙を知るためには、ミクロを知る

大きな宇宙を知るためには、銀河団や銀河を観察します。
銀河を知るにはブラックホールや恒星、恒星系を研究します。
恒星を理解するには物質を知り、物質の構成を知るために原子を学びます。
巨大な宇宙を知るために、人類が研究する領域はミクロに向かっていくのです。言い換えれば、世の中の最小単位を知ることが、宇宙全体を理解することにつながります。

なぜなら、世の最小単位の集まりが宇宙を構成しているためです。


今から２００年以上前に、宇宙の最小単位は原子であることが判明します。原子は中性子と陽子、電子で構成され、その配合バランスによって94の天然元素が存在します。

しかし、科学者たちは、果たして原子が本当に最小単位なのか疑問を持ち、原子の中身を調べようと試みます。

物の中身を調べる方法は簡単です。破壊すれば中身が出てきます。原子の中身を調べる方法も同様であり、原子同士を衝突させて原子を破壊し出てきた粒子を観察します。

利用するのは、加速器です。加速器の中に陽子や電子を入れて、光速近くまで加速し、互いをぶつけることで、中から出てきた粒子を観測します。現在、加速器の出力はどんどん向上しており、破壊によって出てくる粒子はより小さく複雑なものになっています。

加速器の登場で、より小さなものを発見するという試みは簡単に達成しそうですが、そうではありません。問題となるのが出てきた粒子を観察する方法です。

目に見えない世界をどうやって見るか

私たちが目で物を見るとき、電磁波を使います。電磁波とは、電界（電場）と磁界（磁場）が相互に作用しながら空間を伝播する波のことです。

あなたはいま本を手にしながら、電磁波のうち、書籍から出ている可視光線（人間が肉眼で感じることのできる光線）を目で認識して、「宇宙に関する本を読んでいる」、つまり本を観察しています。

大きな物体の観察は目で見るだけでできますが、小さなものを観察するにはその方法がより特殊になります。

例えば顕微鏡です。小学校の理科で植物の観察をする際に使ったことがあるでしょう。より細かな細胞の仕組みを知ることができ、肉眼では見えない美しい世界が広がります。顕微鏡を使っても「観察する」という行為の原則は変わりません。観察対象と電磁波を相互作用させるというものです。

例えば、顕微鏡を使った植物の細胞の観察は、植物にぶつかった電磁波の一種、可視光線が反射して目に入ることで成り立ちます。可視光線によって物に触れ、観察しているのです。この方法は、大きなものを観察するときには問題ありませんが、小さなものを観察

電磁波の種類

電波
放送・通信用
AM、FM、UHFなど
(1m)
マイクロ波
(1㎜)
光(広義)
赤外放射(IR)
遠赤外
(4㎛)
中赤外
(2.5㎛)
近赤外
(830nm)
光(狭義)
可視放射(VIS)
(360nm)
紫外放射(UV)
近紫外
UV-A
(315nm)
UV-B
(280nm)
UV-C
(100nm)
遠紫外
(10nm)
放射線
X線
(1pm)
ガンマ線

するときに問題が生じます。

可視光線の波長は５００nm（ナノメートル）ほどであり、観察対象が可視光線の波長より小さくなっていくと、可視光線が素通りしてしまい物に触れることができません。つまり、観察できないのです。

それを解決するためには、可視光線よりも波長が短い電磁波を使います。

X線やガンマ線です。

可視光線は電磁波の一部です。ガンマ線、X線、紫外線など様々な名前がついていますが、これらもすべて同じ電磁波であり、波の間隔の長さを分類して名前を振り分けているだけです。X線やガンマ線は可視光線よりも波長が短く、その波長は10pmと極小です。水素原子のサイズは１００pm、０・１nmであり、ガンマ線は水素原子よりも圧倒的に小さな波長を持ちます。

可視光線は、水素原子を素通りしてしまいますが、ガンマ線なら水素原子に触れることができます。要するに、波長が短い電磁波はより小さなものと相互作用し観察を可能にします。

人の生活と密接な電磁波

電磁波が物質と相互作用するという現象は身近なところで実感できます。

例えば、宇宙を観測するときにX線望遠鏡を地上に設置せず、宇宙に打ち上げます。X線は波長が短く、宇宙からやってくるX線は空気に触れてしまうことで拡散し減衰します。X線が大気と相互作用することで地上まで到達せず、地上で宇宙のX線画像は見えないため宇宙に打ち上げて観測します。

太陽の赤外線は、波長が長いため、空気に触れて相互作用する可能性が低く、私たちまでダイレクトに届き、身体を温めます。

遠赤外線ストーブは、部屋に無駄な熱を伝えず、身体に作用するため、省電力で暖かいのです。

もっと波長が長い超長波は、分子が密集した海にも相互作用せず、潜水艦の通信に利用されます。

電磁波を届きやすくするには相互作用が少なくなるように波長を長くし、逆に小さなものに触れたいのなら、相互作用しやすい波長の短いガンマ線などを利用します。

原子や電子のような小さなものを観察するには、原子や電子に触れられるよう、波長を短くすれば解決するはずです。

電子レベルの観察はどうするか

しかし、ここで問題が発生します。

電磁波の波長を短くすることは、電磁波のエネルギー増幅と同じです。観察物に高エネルギーの電磁波を使って触れると、観察物は破壊されるか、変化してしまい、観察することができません。これが量子論で有名な「不確定性原理」です。

不確定性原理を簡単に説明するなら、中学校では核子の周りを電子がぐるぐる回っていた原子の図が、高校では電子が雲のように描かれているまさにあれです。

原子を構成する電子のサイズは驚くほど小さく、電磁波で観察することができません。観察しようと電子に触れても、電子が変化し、構造はおろか、サイズすらわからないのです。

電子についてわかること、それは、電子が確かに存在するということだけです。

小さな粒子を表現する量子論の世界では、電子は素粒子の一種に分類されます。

電子と同様に、ほかの素粒子も、サイズや構造は観察することができません。

そこで、それらを理論的に表すために、電子に代表される素粒子は、サイズが0となる点として扱うことに取り決めます（素粒子の標準理論）。こうすることで、素粒子の相互作用を計算できるようになり、素粒子の位置を、確率で表現することを可能にした量子論が誕生しました。

理論と技術がぶつかる、量子論の思考実験

理論の誕生と科学技術の発展の歴史はまるで接戦したレースのようなものです。火をおこすことを知った人間が、火の原理を解明するまでは技術が勝《まさ》っており、観測結果から理論を組み立てていました。その後、理論研究が盛んに行われ、科学技術よりも理論が勝ります。実際に、アインシュタインが一般相対性理論を提唱したころ、当時の技術ではそれを検証する技術はなく、一般相対性理論から100年近い時間をかけ、科学技術の発達で、一般相対性理論の正しさが証明されてきました。

そして現在、理論と科学技術のレースは、理論が優勢です。提唱された量子論は、現在でもそれを証明するために、様々な最先端の科学技術を投入しています。

原子よりもサイズが小さい素粒子は、検証する方法はありません。さらに、量子力学の最も基本的な方程式である「シュレディンガーの方程式」によって素粒子の存在は確率の

みで示されるという奇妙な理論であったため、多くの量子論反対者がパラドックスによって疑問を持ちかけています。

それが、「シュレディンガーの猫」です。

箱の中にある3つのものを入れます。

①猫

②1分の間に50％の確率で原子崩壊する放射性原子（これは要するに量子論のシュレディンガー基礎方程式を示唆しています）

③崩壊した原子に反応する毒ガス発生装置

これら3つを箱に入れ、箱の蓋《ふた》を閉め、1分後に蓋を開けることにします。

果たして、1分後に猫は生きているのでしょうか。

普通に考えれば、箱の蓋を開けようが開けまいが、開始から1分後には猫の運命は決定しているはずです。

しかし、量子論はそれを否定します。

量子論による確率解釈では、蓋を開けて観察するまでは生死は決まっておらず、蓋を開けて初めて生死が決まるというものです。

この現象はどう考えても奇妙です。誰が考えても、蓋を開けようが開けまいが、1分経てば猫の運命は決まっているはずなのです。

量子論反対者たちは、このパラドックスを使い、量子論支持者を批判しました。

要するに、量子論者は、宇宙という大きなものを解釈するために、ミクロの世界を示す量子論を提唱しました。しかし、量子論が持つ特殊性は、このパラドックスが示すように、猫の運命すら説明できません。観察するまで猫の運命を知ることができない量子論がなぜ、見えない宇宙の果てを検証できるのか？と指摘したのです。

では実際のところ、量子論は正しいのでしょうか。

事実を述べるのなら、量子論は、現在の技術を使ってもそれが100％正しいと証明できていません。しかし、素粒子である電子を量子論で検証したところ、その誤差は「限りなく」0％という結果になります。

この結果から言えることは、「素粒子のサイズは0ではなかったが、サイズが0であると扱っても問題ない」という結論です。

量子論が正しいか正しくないかは別として、量子論を使って開発された量子コンピュータやレーザー、軍事レーダーなど、様々な最先端技術によって私たちの生活をより良いものにしたのは確かなのです。

重力に量子論は組み込めるか

身の回りの技術発展だけでなく、宇宙解明に大きく貢献した量子論。しかし、問題も残っています。それは重力と量子論の関係です。

アインシュタインの一般相対性理論は、宇宙のマクロを記述するものです。重力を幾何学上の舞台であることを記述し、すでにその正しさは証明済みです。この理論によって、重力を表現するには絶対的な長さを使うことが必須となります。

しかし、宇宙をミクロに記述した量子論はそれを確率で表現します。

重力は相対性理論が示す舞台であり、素粒子は量子論が示す演者のようなものであり、その演劇を統合できず、量子論に重力を組み込むことができないのです。

量子論に重力を組み込むための素粒子、重力子が考え出されました。

重力を素粒子であえて表現するなら、スピン（粒子の回転）2、質量0、電荷0、寿命無限大と仮定することができます。

しかし、これはあくまでも仮説だけの素粒子であり、重力子は検出することが不可能なばかりか、量子論に組み込もうとすると数学的に破綻します。技術革命を起こした量子論の前に、大きな壁が現れたのです。

ひも理論の登場

この状況を前向きに表現するなら、もし重力を量子物理学の標準理論に組み込むことができれば、万物の理論が完成します。そこで、世界中の数学、物理学の天才たちが、重力を数学的に量子論に組み込む方法を研究します。

その手法は華麗そのものでした。

重力を量子論に組み込むためには、素粒子を点で記述すると不足が出ます。

そこで、物質の最小単位を点（0次元）ではなく、点よりも複雑なひも（1次元）で表すことで数学的に理論構築を行います。これを「ひも理論」といいます。

宇宙の最小単位を、量子論では点としたのに対し、ひも理論では、最小単位をひもの振動で記述したのです。

ひも理論で様々な種類の素粒子を記述することは、弦が様々な音色を奏でることに例えられることから「弦理論」とも呼ばれています。

この理論で最も画期的なことは、重力を組み込んでも数学的に破綻しないことです。一般相対性理論や量子論の登場で、宇宙の大部分が解明した一方で、ブラックホールや宇宙の始まりであるビッグバンのような極限の状況は計算不能であり、その根源は最小単位を点であるとした量子論そのものです。

例えば、ブラックホールの中心を相対性理論で計算した重力は無限となり、ブラックホールの中心は物理学が破綻します。サイズがない点を数学で表現するなら0であり、ブラックホールの中心は値を0で割るようなものです。

一方、ひも理論でブラックホールを記述すれば、ブラックホールの中心は両端がつながった輪ゴムのようになり、究極の領域が計算可能になったのです。

ひも理論は検証不能

ひも理論の誕生は、宇宙のすべてを計算できると世界中で脚光を浴びます。

しかし、再び問題が浮上します。

前述のとおり、ひも理論で宇宙を計算するために必要な条件は、宇宙が10次元であるというものです。

私たちの宇宙は、3つの空間次元（縦・横・高さ）に時間を加えた4次元で構成されています。

構築されたひも理論は、現存しない架空の宇宙しか記述しません。そこで、世界中の天才が集まり、余分な6次元を取り除くことに全力を注ぎました。

しかし、誰一人として成功しませんでした。

また、ひも理論を実験で検証できるかどうかの予測も検証不能と結論づけられます。

さらに、余剰次元を取り除くのではなく、余剰次元が畳み込まれていると提唱する物理学者たちもいます。

しかしながら、現状、ひも理論は正しいのか正しくないのか不明であり、おそらく永遠にそれが分かることはないのではないかともされています。

世界中の数学者や物理学者たちは、正しさが証明できないひも理論を今でも積極的に研究しています。なぜなら、数学と理論の正しさは別問題であり、ひも理論の公式は今後の科学発展に大きく貢献する可能性があるためです。物理学は数学に依存しており、1＋1＝2という計算結果に感じるものはどうであれ、計算結果は正しいというのが原則です。ひも理論が現在の宇宙を説明できなくとも、数学上、ひも理論は破綻せず、正しい解答を導くことができます。
数学者や物理学者を惹きつける理由がここにあるのです。

人類の目標は、宇宙のすべてを理解する究極の理論、万物の理論の完成です。ひも理論が万物の理論にならないことが判明した一方、ひも理論の数学的正しさが、新たな理論の種になることもわかりました。

ひも理論に超対称性を組み込んだ「超弦理論」が研究される、まさにそのことが証明しています。

万物の理論を手に入れた人類が、ひも理論という設計図を考え、自らを称える未来はそれほど遠くないように感じます。

第2章 星のはなし

恒星の種類

宇宙には無数の星が存在しますが、星の種類で見ると非常にシンプルです。

その理由は星の生涯を知ると理解できます。宇宙で光り輝く恒星は、誕生から消滅までほぼ同じ生涯をたどります。

これは、私たちが住む、地球の恒星、つまり太陽とも同じです。

恒星の生涯は質量で決まる

星の誕生は分子の雲「暗黒星雲」からスタートします。

宇宙は真空ですが、場所によっては分子の密度が高い部分が存在します。これを地球から観測すると、黒い雲のように見えることから暗黒星雲と呼びます。

星の生涯

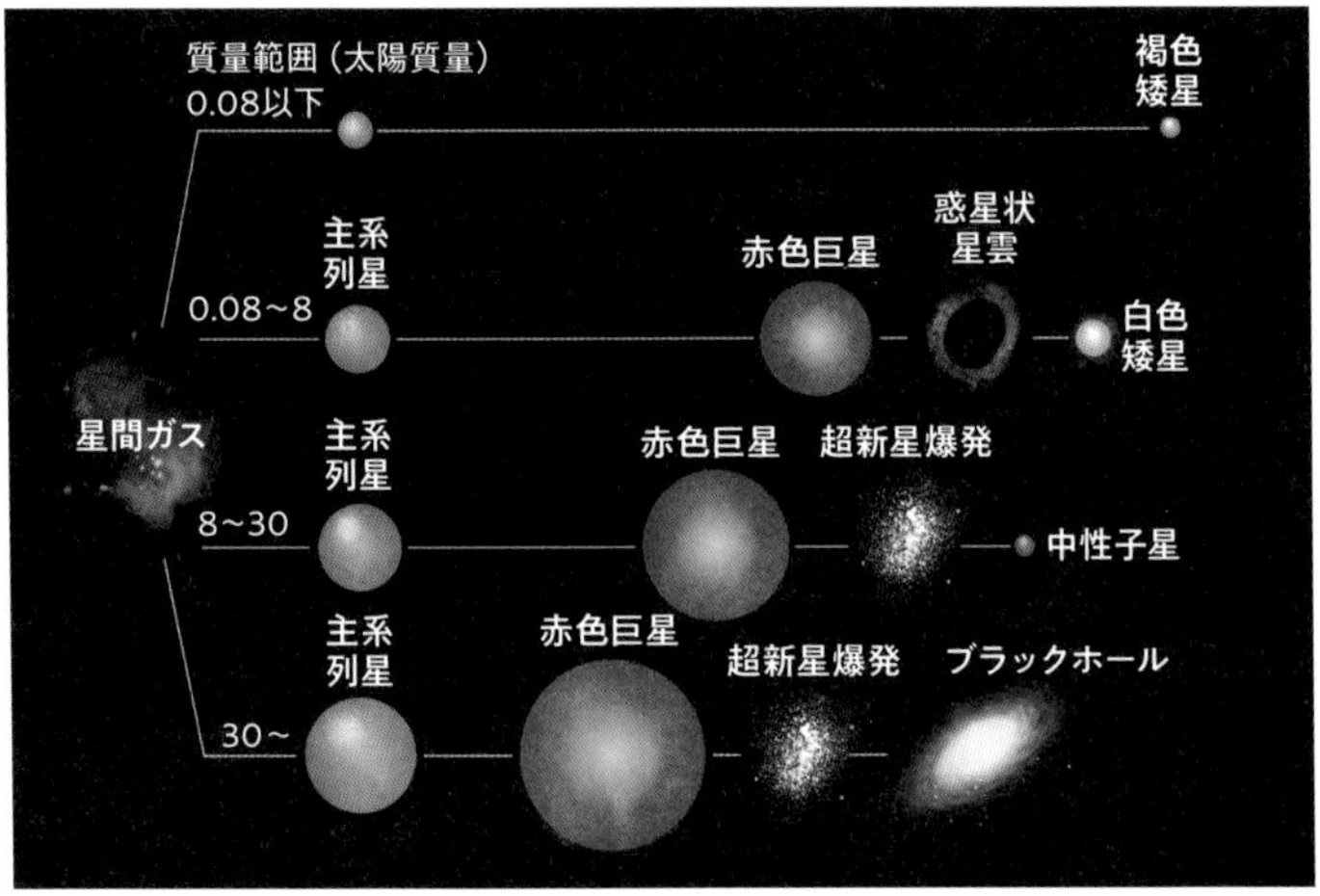

暗黒星雲が超新星爆発などによって刺激を受けると、雲が持つ重力のバランスが崩れ、分子が凝縮します。分子の凝縮が重力を生み、それを繰り返すことで加速度的に凝縮が進み、球体の星へと進化していきます。

星の生涯は誕生の過程でほぼ決まります。つまり、誕生初期の星が、周囲の物質を集め終わったときの質量によって生涯が決まるのです。

例えば太陽の質量を1としましょう。太陽と同じように光り輝く恒星になるには、太陽の約0・08倍の質量が必要です。0・08倍の質量以下の星は、核融合するための圧力と温度が不足するため、水素の核融合ができません。

一方、星に含まれる重水素は核融合し、わずかな熱量が生まれ、薄暗く輝き、数億年後には核融合が停止。冷えてどんどん暗くなっていきます。

この星を「褐色矮星《わいせい》」と呼びます。

褐色矮星は木星の13倍程度の質量でしかなく、木星が「太陽になり損ねた星」と呼ばれるのはこのためです。ちなみに、褐色矮星が別の恒星の周りを公転する場合、その多くは惑星に分類されます。

太陽の0・08倍よりも質量が大きくなると、星の中心であるコアの圧力が上がり、核融合が始まります。核融合による膨張力と星が重力で収縮しようとする力が釣り合い、太陽のように光り輝く恒星となります。

現在知られている最も重い恒星は、R136a1であり、その質量は太陽の315倍。規格外の大質量恒星となっています。

太陽のように輝く星は、最も安定して活発な時期にあり、人で例えるなら20〜30代の元気な年齢です。

恒星は軽いほど長生き

恒星は燃えていくと次第に燃料が尽きていき、寿命を迎えます。

星の生涯は質量によって大きく異なります。恒星は軽いほど寿命が長くなります。

現在の宇宙の年齢が138億年。とんでもなく長い時間に感じますが、例えば、太陽の0・2倍ほどの軽い恒星の寿命は6兆～12兆年です。宇宙が誕生してから現在までの時間の100倍でも1兆3800億年。よって、小さな恒星の寿命は現在の宇宙の年齢の440～870倍の寿命があるということです。人類はいまだ、小さな恒星の寿命が尽きる様子を見たことはありません。


軽い恒星は、水素がヘリウムになる核融合をしますが、生成されたヘリウムが核融合する圧力と温度に到達しないため、水素の核融合が終わると寿命を迎えます。今から6兆年以降に、小さな恒星は白色矮星となって生涯を終えます。


太陽の質量の0・5倍を超える恒星は全く別の生涯をたどります。

太陽を含め、太陽の0・5～10倍サイズの恒星は、水素の核融合でヘリウムが生成され、星の中心にヘリウムが溜まっていきます。中心で核融合していた水素が外層へ押しやられ、中心ではなく、外層で核融合を始めます。その結果、恒星が膨張し、巨大化します。実際に、太陽は一説には今から40～50億年後には巨大化が始まり、水星、金星を飲み込み地球付近まで膨張します。水星と金星は高温によって、惑星そのものが蒸発。地球は海の水が干上がり、真っ赤に焼けた惑星になります。

星が巨大化する一方、コアのヘリウムは収縮し始め、やがてヘリウムが核融合する温度に到達。ヘリウムの核融合が始まり、酸素と炭素が生成されます。

このサイズの恒星は、炭素をこれ以上核融合するには圧力が不足するため、炭素が中心部に溜まり、対流によって炭素が攪拌《かくはん》されます。その結果、核融合が不安定になり、膨張と収縮を繰り返し、徐々にガスを放出していきます。最終的に、白色矮星へ変化し、徐々に冷え、暗くなっていきます。

太陽より重い恒星の生涯

星の寿命は質量が小さいほど長くなります。初めに紹介した小さな恒星の寿命は6兆～12兆年。太陽の寿命は120億年前後となります。

太陽の10倍以上の重たい恒星になると、その生涯はドラマティックに幕を閉じます。太陽の10～29倍の質量の恒星は、ヘリウムの核融合で炭素や酸素が生成されます。その後も

太陽の構造

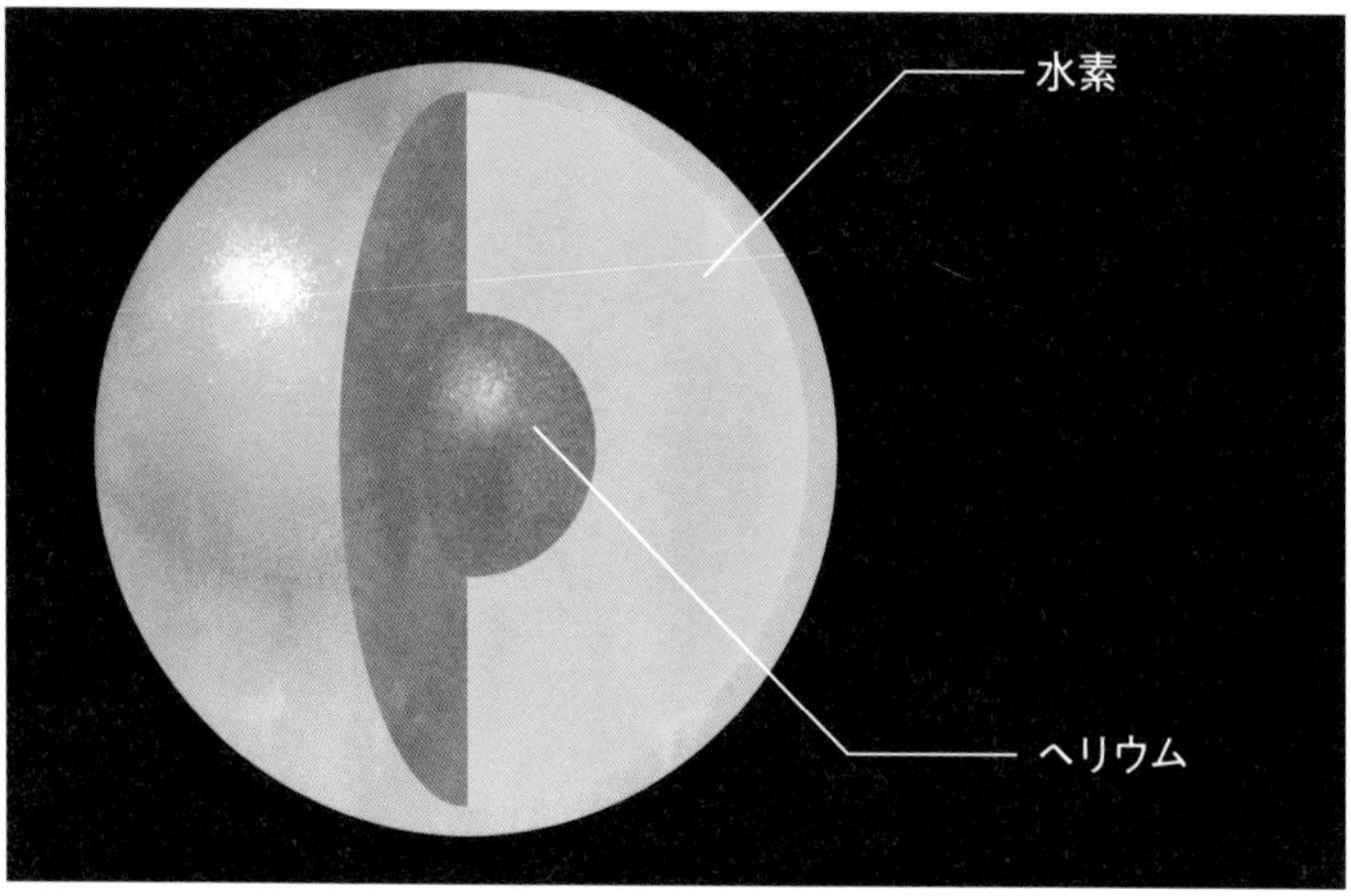

超新星爆発直前の恒星の構造

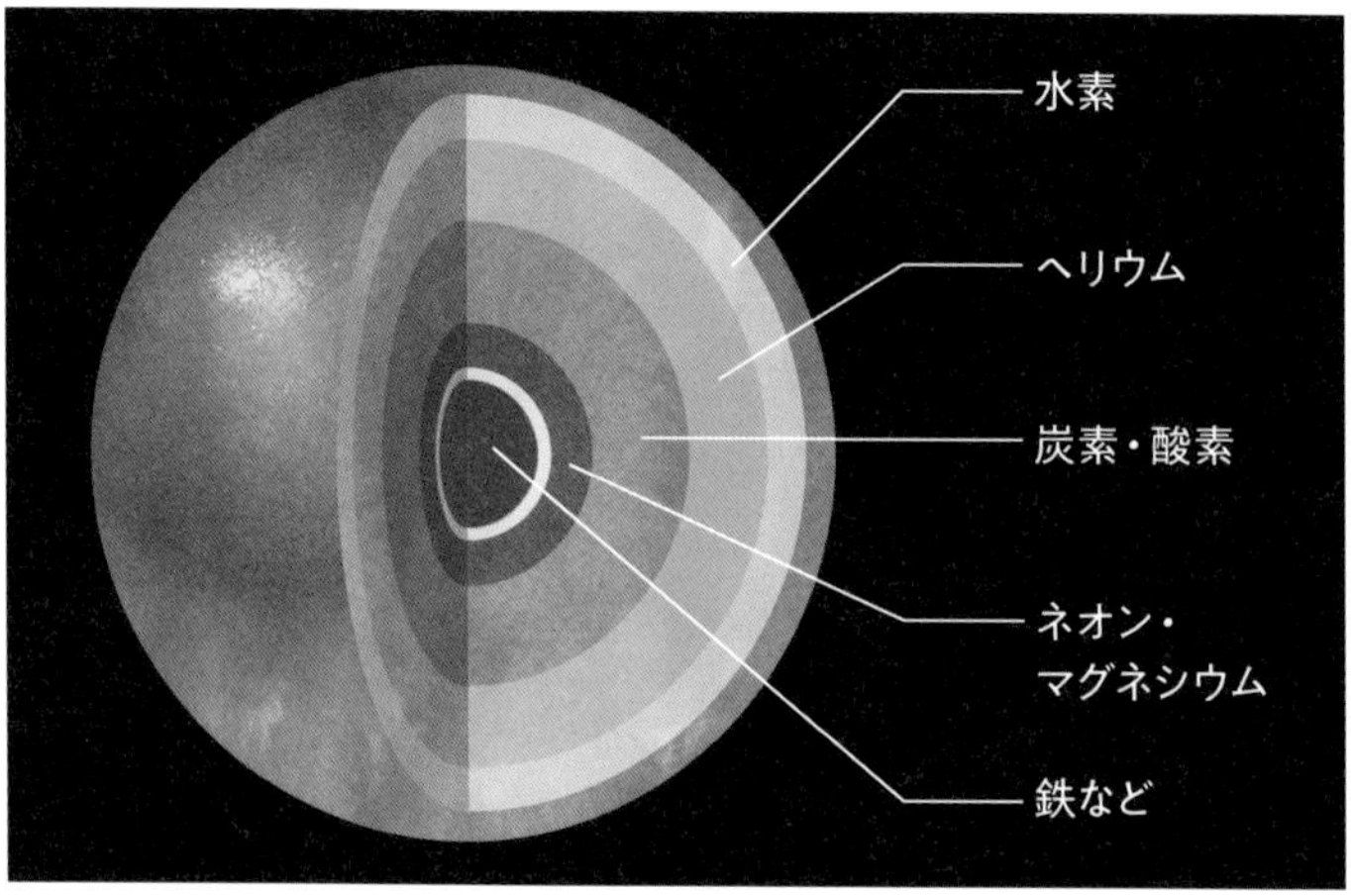

核融合が続き、ネオンやマグネシウム、シリコンなどが生成されます。そして、最終的に最も原子結合が安定する鉄が作られます。鉄は、最も安定した状態であり、これ以上核融合は行われません。すると中心部の核融合反応がストップします。星が縮もうとする力と、核融合反応によって星が拡大しようとする力が釣り合っていましたが、そのバランスが崩れます。

すると、中心に向けて星が一気に収縮します。中心部の圧力が上昇すると、鉄が中性子に変化します。中性子はそれ以上縮まない縮退圧を持っています。よって、中心部の収縮が瞬時にストップし、反動で表面の物質が一気に吹き飛び星のコアだけが残ります（超新星爆発）。こうして、中性子でできた高密度な天体・中性子星が誕生します。

中性子星の密度は圧倒的で、小さじ一杯の重さがピラミッド900個分。地球をアメリカの空母ほどのサイズに凝縮するのと同じ密度です。

恒星のコア「中性子星」

中性子星を理解するために物質について見てみましょう。

学校の化学で学ぶ元素の周期表。水素から始まり、ヘリウム、リチウム、ベリリウムと続きます。これらの原子の材料を簡単に表現すれば、電子と陽子と中性子の3つで構成されています。全く異なる性質の原子は、たった3つの材料の組み合わせで作られています。

先ほど紹介した核融合反応によって、水素が炭素へ、そして最終的に鉄が作られます。鉄は原子の中で最も安定しているため、それ以上核融合は起こりません。しかし、星の収縮によって中心の温度が１００億度を超えると、鉄が光分解を起こし、中性子が作られるのです。


中性子星の重さは太陽とほとんど同じですが、直径は20㎞ほど。東京駅からさいたま新都心間に相当するサイズです。スケート選手が足を閉じると回転が速くなるように、大きな星が収縮した中性子星は驚くほどの速さで回転しています。その速さは速いものでは１秒間に５００回転以上、表面の速度は秒速1万㎞。光の速さの30分の１にもなります。

中性子星の高速回転は、中性子星発見のカギになります。

中性子星の核融合反応はストップしているため、真っ暗ですが、磁場を発生させています。磁場の軸が、回転軸とずれている場合、磁場の軸そのものが回転します。この状態の中性子星をパルサーと呼びます。磁場軸の回転によって、X線などの電磁波が発生し、それをX線望遠鏡で観測することで、中性子星を発見することができます。

中性子星は、重力によって収縮しようとする力と、中性子が持つ縮退圧が釣り合うことで形を維持しています。

物質を構成する最小の単位が、陽子と電子、中性子だと考えられていた時代の、最も究極的な天体が中性子星でした。しかし、素粒子の発見によって物質を構成する最小単位が小さくなり、クォーク星やストレンジ星など新たな天体が研究されています。また、中性子の縮退圧を重力が上回った場合にできる天体、ブラックホールも神秘の天体です。


宇宙が92億歳のときに太陽と地球が生まれます。98億歳のときには地球に生命が誕生し、138億歳の現在、生命は地球の資源の8割を利用できる技術を手に入れました。

太陽はあと70億年ほどで寿命を迎えます。一方、太陽よりも小さな恒星の寿命は、今の宇宙年齢の500倍以上。

太陽を失う前に、生命は間違いなく新たな住処《すみか》を見つけていることでしょう。

中性子星の誕生

中性子星は、私たちの宇宙で最も極端で厳しい環境を持つ天体の一つです。

前項で紹介したとおり、サイズはたったの直径20km。小惑星並みのサイズにもかかわらず、その重さは太陽とほぼ同等です。

小さく、きわめて重く、強い重力で光さえも曲げる驚異の天体、中性子星について詳しく紹介します。

恒星の生涯

宇宙には無数の中性子星が存在します。中性子星の形成は、通常の大質量の恒星から始まります。

巨大な恒星のほとんどは水素でできています。水素は最も軽い元素であり、恒星の表面の圧力は驚くほど小さくなっています。しかし、星の中心部に近づくほど、水素の重さによって圧力はどんどん高くなり、温度も上昇していきます。温度が高くなっていくと、次第に水素の分子結合が壊れ水素原子になります。温度がさらに高くなると、陽子の周りを回っていた電子が陽子から解放され、陽子と電子が自由に動き回るようになります。

これがプラズマです。

恒星のほとんどは、陽子と電子がバラバラに動く水素のプラズマ状態となっているのです。

恒星の中心、コアに近づくとさらに圧力が高くなり温度が上昇し、本来は反発するはずの、プラスの電荷を持つ陽子同士が近づき始めます。

さらに温度が高くなると、陽子同士が反発する力を振り切って、衝突し融合。これを核融合といいます。

水素が融合し、莫大なエネルギーを放出、ヘリウムを生成します。

星が自らの重力でつぶれようとしていますが、中心で起こる核融合によって、つぶれようとする力を押し返しています。

この絶妙なバランスによって、太陽のように、恒星は丸く、長い時間光り輝いているの

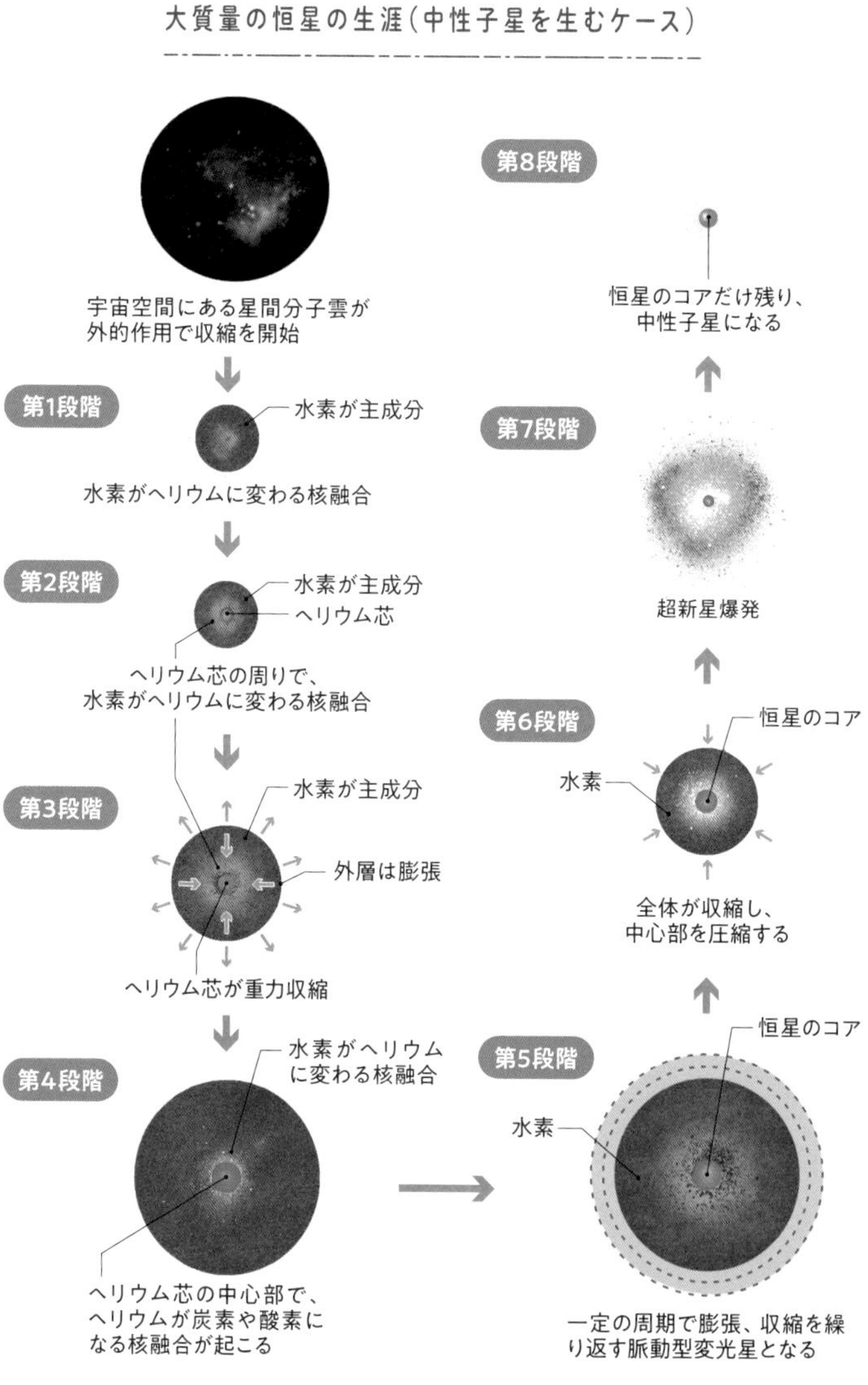
大質量の恒星の生涯(中性子星を生むケース)
宇宙空間にある星間分子雲が
外的作用で収縮を開始
第1段階
水素が主成分
水素がヘリウムに変わる核融合
第2段階
水素が主成分
ヘリウム芯
ヘリウム芯の周りで、
水素がヘリウムに変わる核融合
第3段階
水素が主成分
外層は膨張
ヘリウム芯が重力収縮
第4段階
水素がヘリウム
に変わる核融合
ヘリウム芯の中心部で、
ヘリウムが炭素や酸素に
なる核融合が起こる
第5段階
恒星のコア
水素
一定の周期で膨張、収縮を繰
り返す脈動型変光星となる
全体が収縮し、
中心部を圧縮する
第6段階
恒星のコア
水素
超新星爆発
第7段階
恒星のコアだけ残り、
中性子星になる
第8段階

です。

しかし、このバランスは永遠ではありません。

水素の核融合が長く続くと、燃料である水素が次第に減っていき、水素よりも重たいヘリウムが恒星の中心に溜まっていきます。

太陽ほどのサイズの星は、この状態になると、中心部がヘリウムで満たされ、周りに水素が押しやられ、中心ではなく、中心よりも少し外側の水素が核融合を始めます。

するとバランスが崩れ、星は次第に巨大化していきます。

巨大化によって水素の核融合が停止し始めると、今度は星が重力によってつぶれ始めます。

中心部の圧力がどんどん高くなっていき、今度はヘリウムが核融合できる温度に達し、ヘリウムが核融合を始めます。

ヘリウムの核融合によって、炭素や酸素が生成され、再び星は巨大化。

太陽ほどの中規模の恒星は、大きくなったりしぼんだりを繰り返し、次第にガスを放出ししぼんでいき、白色矮星となって死を迎えます。

超新星爆発で誕生する中性子星

一方、太陽よりも数倍巨大な恒星は全く別の生涯をたどります。

巨大な恒星はより重力が強くなり、核融合の反発エネルギーに重力が打ち勝ちます。すると星の中心はより圧縮され、一気に核融合が活発化し星は数百倍サイズにまで膨れ上がります。この段階で核融合が一気に進みます。

炭素同士の核融合が始まり、数百年後にネオンが生成されます。ネオンが1年ほどかけて酸素になり、酸素が数か月でシリコンになります。そして、シリコンはたったの一日ほどで鉄に核融合します。生成された鉄は、核融合によるエネルギーを放出しないため、これ以上核融合は進みません。シリコンが鉄に核融合する時間はたったの一日であると同時に、鉄が生成された瞬間に核融合は停止します。核融合の突然の停止によって、今まで中心から外側に押し返していたエネルギーが突如としてなくなるのです。

すると、中心の周りにある物質が星の中心に落ちていき、星の中心の圧力が瞬時に上昇します。中心部に溜まった鉄は強力な重力によってどんどん押し縮められていくのです。

この圧力はあまりにも強大です。

ここから星の中心に劇的な変化が起こります。

通常、電子と陽子は反発する力を持つためくっつくことはありません。しかし、星がつぶれるときの圧力があまりにも強力なため、電子と陽子がくっつき、中性子が生成されます。すると、今までは電子と原子核で構成されていた原子のサイズが、純粋な原子核のサイズにまで押し縮められることになります。これがどのくらいかというと、直径100mの巨大で重たい鉄のボールを、ボウリング球サイズに圧縮するのに匹敵するほどです。

押し縮められるのはコアだけではありません。中心から反発する力を失った恒星は、一気に収縮。その速度は光の速さの4分の1にもなります。恒星は一気に収縮しますが、中心の中性子はそれ以上収縮しないため、内側へ落ちていった物質はコアで跳ね返り、超強力な衝撃波で星の大部分を吹き飛ばします。これが超新星爆発の一つのパターンです。

爆発の後、星の中心のコアだけが残ります。これが中性子星です。

中性子星の特徴

中性子星の一つ目の特徴は温度です。その温度は100万度。地球を暖める太陽ですら温度は6000度。中性子星の温度はまさに、超高温です。

二つ目の特徴は密度です。中性子星の密度はあまりにも高く、地球10個をバレーボールの大きさに圧縮したものと同等です。その密度は角砂糖1個分の体積で重さは10億トン。地球上では想像もつかないほど、極限の天体なのです。重力も強力で、光は曲がります。そのため中性子星の後ろにあるものを正面から見ることができます。

中性子星の構造

中性子星の構造はどうなっているのでしょうか。

中性子星の表面は通常の恒星と同様に分子の大気に包まれ、その厚さは1mほど。大気の下には、惑星と同じように地殻が存在します。

地殻の表面は、超新星のころの名残である鉄でできており、結晶格子に閉じ込められ、その間を電子が動き回っています。

中性子星の中心に近づくにつれ、陽子が電子と結合した中性子が増えていき、逆に陽子は少なくなっていきます。さらに中心に近づくと、中性子と陽子は触れ合いくっつきます。

この辺りまで深く潜っていくと、たった原子一つ分の深さの差でも圧力が異なるため、中性子や陽子はパスタのように棒状、板状にくっつきます。この状態を一部の物理学者たちは核パスタとも呼んでいます。核パスタは陽子や中性子同士が触れ合い直接くっついているため、宇宙で最も固い物質です。この物質を破壊することは不可能ともいわれていま

中性子星の構造

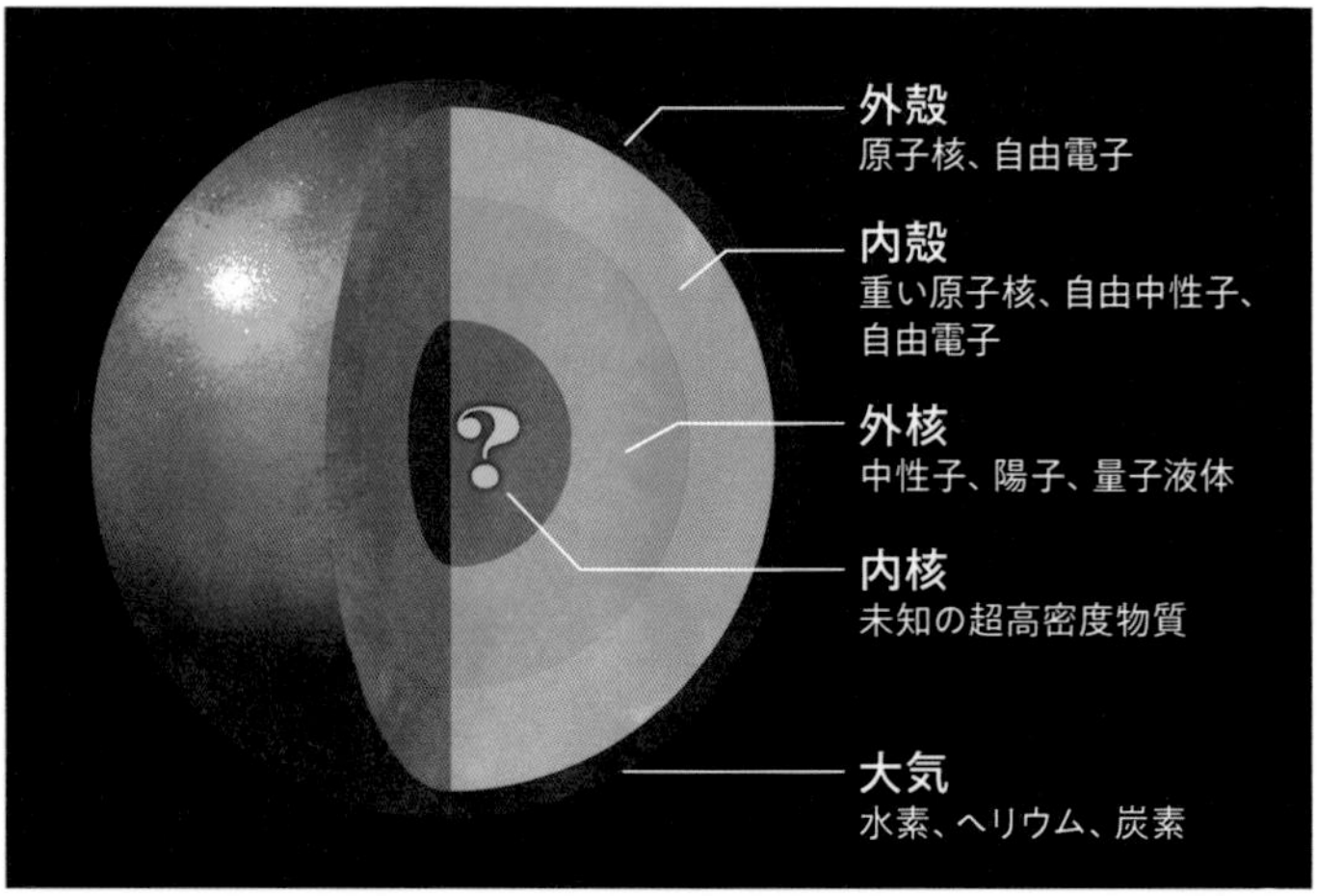

す。

中性子星の中にもう少し進むと、核パスタが山のように連なっている場所に到達します。

山といっても、その高さは5㎜ほど。たった5㎜の核パスタの山ですが、その重さはエベレスト山数個分に匹敵します。核パスタの山を越え、さらに深く潜っていくと、中性子星のコアにたどり着きます。

中性子星のコアがどうなっているのか気になりますが、残念ながら現在の物理学では解明されていません。

一説によれば、中性子を構成するクォークとグルーオンがバラバラになり、素粒子のプラズマ状態になっているともされています。

深く潜っていった中性子星から再び中性子星の外に出てみましょう。

中性子星はもともと大きな星がギュッとつぶれてできるため、角運動量保存の法則によって、スケート選手が足を閉じたときのように、超高速で回転しています。

直径数十キロという巨大な天体にもかかわらず、その回転速度は毎秒数回転〜数百回転にもなります。

この回転がパルス状になった電磁波、電磁パルスを発生させます（パルス＝急激な信号の変化）。この電磁パルスが中性子星発見のきっかけにもなりました。

中性子星の爆発で生まれる元素

磁場軸と回転軸がずれていない中性子星もありますが、いずれにせよ、中性子星が誕生してからしばらくは、中性子星は地球の1000兆倍の磁場を発生させています。

その磁場はあまりにも強力で、例えば東京から九州ほど距離が離れた人間にも影響を及ぼします。体内に含まれる水や栄養素が磁力と反応し、生命を維持するシステムのバランスを即座に崩壊させて命を奪います。

磁場を発生させる中性子星は、宇宙で最強の磁場を生み出しているのです。ちなみに、別名マグネターとも呼ばれています。

中性子星の重力はあまりにも強大なので、中性子星同士が互いの重力によって回転を始め、連星を作る場合があります。中性子星は次第に近づいていき、強力な重力によって重力波を発生させながら、最終的には衝突し、中身の一部を宇宙にまき散らします。

この衝突の爆発力はすさまじく、「キロノヴァ」と呼ばれています。

ちなみに、白色矮星がほかの恒星の燃料を奪い、白色矮星の表面で核融合させ爆発する現象が、「ノヴァ（別名、新星）」です。冒頭、中性子星が誕生する過程で紹介した超新星爆発は「スーパーノヴァ」といいます。

中性子星が衝突するキロノヴァは、あまりにも極端な現象であり、鉄よりも重い元素である、金、銀、プラチナなどが生成されます。

鉄よりも重い元素の生成は星の中でゆっくりと進む核融合ではありません。バラバラになった中性子や陽子が、一瞬にして組み立てられ、様々な元素を作り出すのです。最近になり、地球や宇宙に存在する鉄よりも重い元素のほとんどは、中性子星同士の衝突によって作られたことがわかっています。

中性子星は互いに衝突し、重い元素を作り出したのち、ブラックホールになり死を迎えます。

超高温、高密度、高磁性。中性子星は現代の物理学が説明する天体の中でも、極限の天体です。宇宙には、そんな天体が無数に散らばっています。

私たちは、宇宙について学べば学ぶほど、宇宙は謎に満ちており、神秘的な存在であり、そして、どこか遠い存在に感じます。しかし、私たちがいつも持ち歩くスマートフォン、ミネラルウォーターに入っているミネラル成分、永遠の愛を誓う結婚指輪の材料など、そのすべてが、中性子星が死と引き換えに作り出した元素です。

身の回りにあふれた物質は、宇宙から遮蔽《しゃへい》された、地球という家に住む私たちが、宇宙にいることを実感させる重要な要素であることに間違いなさそうです。

中性子星の中身はどうなっている

原子が宇宙の最小単位とされていたころの究極の天体が中性子星。その密度は角砂糖1個分で重さは10億トン。その後、素粒子の発見によって宇宙の天体はより奇妙な状態にあることがわかります。そんな奇妙な天体のうち、地球を滅ぼす驚異のストレンジ星について詳しく紹介します。

触れただけですべての物質を変化させる不思議な物質。それが「ストレンジ物質」です。宇宙一危険な物質ともいわれ、物質の変化どころか、惑星を崩壊させる力を持つとされています。ストレンジ物質からなるストレンジ星を考えるために、いくつか必要な情報から見てみましょう。

クォークとは何か

太陽よりも巨大な恒星は寿命を迎えると、超新星爆発を起こして星のコアである中性子だけが残ります。これが中性子星です。直径20㎞ほどの小さな球体ですが、重さは太陽とほとんど同じ。

中性子星が生み出す重力から抜け出すには、光の3分の1の速さが必要なほど、極限の天体です。

近年の素粒子発見によって、中性子の中身が判明します。

原子を構成しているのは、陽子と中性子と電子です。例えば、陽子1つの周りに電子が1つ回るものが水素原子。陽子と中性子、電子の配合バランスによって、94の天然元素が存在します。そんな陽子と中性子はさらに小さな粒子で構成されています。それがクォークです。

クォークは6種類。それぞれ、アップ、ダウン、チャーム、ストレンジ、トップ、ボトムと呼ばれています。

一般的にクォーク単体では結びつける力がないため、単独では物質になりません。クォーク同士を結びつける素粒子、それがグルーオンです。グルーオンが4つの基本的な

原子を細かくしていくと…

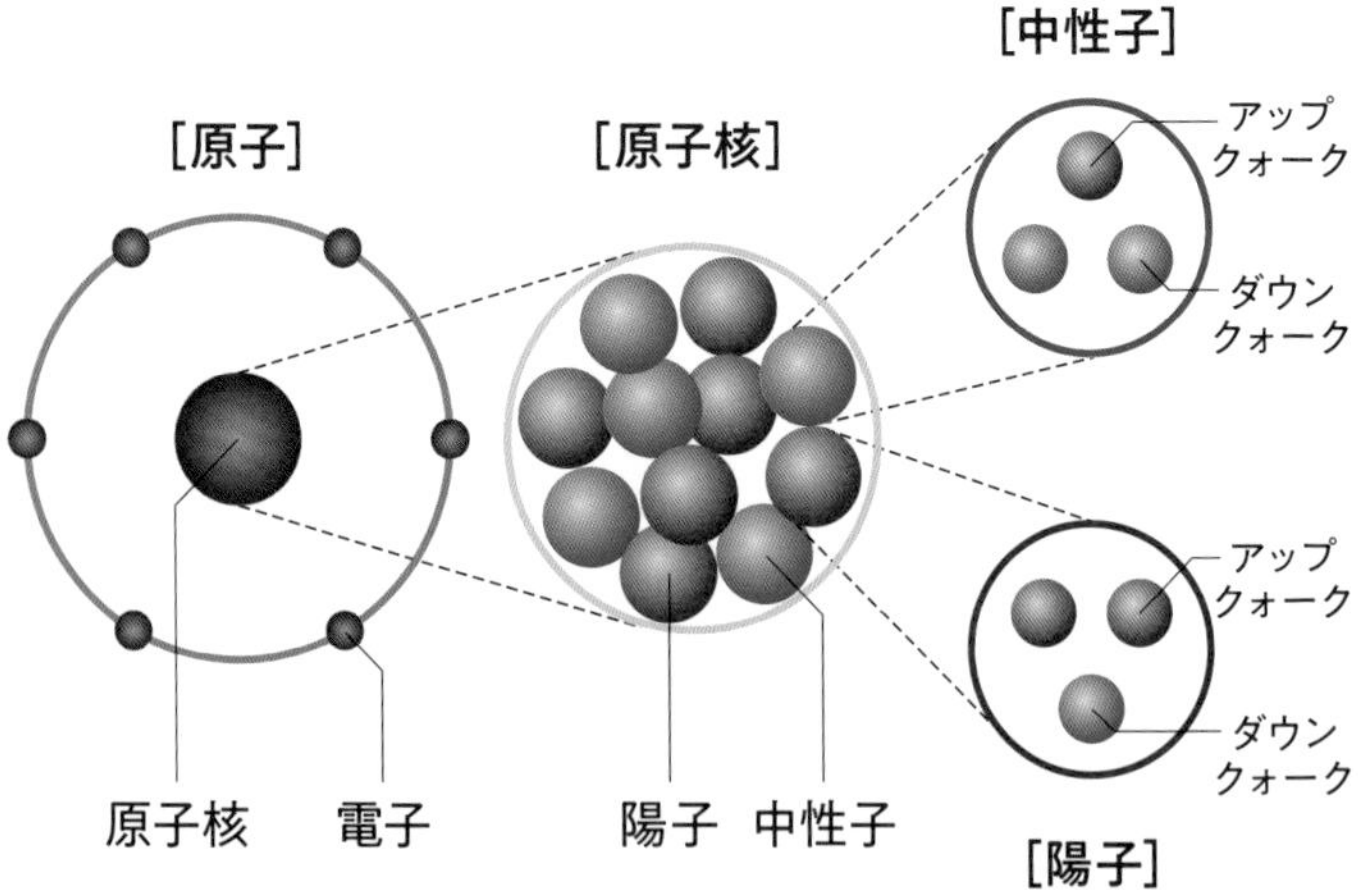

力のうち、強い相互作用を伝えることで粒子の形を維持しています。

例えば中性子は、ダウンクォーク2つとアップクォーク1つの、3つのクォークがグルーオンによってくっつき粒子として存在します。

陽子も同様に、1つのダウンクォークと2つのアップクォークがグルーオンによってくっつき陽子という粒子を形作っています。

クォークは6種類あるため、その組み合わせによって中性子や陽子以外に様々な粒子を作ることが可能です。

実際に、現在確認されている粒子だけでも数十種類あります。しかし、陽子と中性子以外の粒子の寿命は長いものでも

10－13乗秒。要するに一瞬で崩壊します。言い換えれば、6種類の様々な組み合わせで作られた粒子のうち、安定して存在できるのは、陽子と中性子だけなのです。クォークは中性子と陽子を構成している間だけ安定であり、クォーク単体では存在不可能です。

クォーク星に存在するストレンジ物質

一方、中性子星という極限の領域では、この常識が通用しないかもしれません。超高圧によって押し縮められた中性子は、3つのクォークをつなぎとめる力を解放し、クォーク単独で存在する可能性があります。これがクォーク物質です。

中性子星の中身は、実はクォークが集まった巨大なクォーク物質で構成されています。これが中性子星よりも極限の天体、クォーク星です。

現在までにクォーク星は発見されていませんが、もし存在するならたいへん厄介なことになります。

アップ、ダウン、チャーム、ストレンジ、トップ、ボトムの6種類のクォークのうち、中性子を構成しているのはアップクォークとダウンクォーク。クォーク星もこの2種類でできています。

しかし、中性子星の極限の環境によって6種類の中の一つである、ストレンジクォーク

ストレンジ物質

アップ、ダウン、ストレンジの頭文字で
それぞれのクォークを示している

が生成される可能性があります。ストレンジクォークは、アップクォーク、ダウンクォークよりも重くエネルギーが高い状態であるため、通常、4つの力のうち、弱い相互作用を媒介してアップクォークかダウンクォークへ変化し、落ち着きます。

要するに、ストレンジクォークが生成されても、すぐにより安定したアップクォーク、ダウンクォークへと戻ります。

しかし、クォークが集まるクォーク星では、パウリの排他原理（量子の世界では、同一の量子状態を占めることはできないという原理）によって、ストレンジクォークがアップクォークやダウンクォークに変換するよりも、ストレンジ、アップ、ダウンの3つのクォークが共存する方がより安定した状態になります。この状態をストレンジ物質といいます。

アップ、ダウン、ストレンジクォークからなるストレンジ物質は、グルーオンが結び付けたアップ、ダウンクォークからなる陽子や中性子よりも圧倒的に安定しており、その安定性は宇宙一です。

ストレンジ物質は陽子や中性子の状態よりも安定しているため、身の回りの陽子や中性子もストレンジ物質に崩壊するはずです。

しかし、原子核がストレンジ物質に崩壊するには、同時にいくつかの条件を満たすことが必要であり、かかる時間は宇宙終焉よりも長くなります。つまり、身の回りの陽子や中性子はストレンジ物質に崩壊することは現実的にはありません。

ストレンジ物質は、すべてを侵食する

ストレンジ物質と真空の間には表面張力があり、表面張力が小さい場合、ストレンジ物質のサイズが小さい方が安定します。一方、表面張力が大きい場合、ストレンジ物質がより大きなサイズを持った方が安定することになります。

こうなると一大事です。超高圧状態の中性子星の中からストレンジ物質が飛び出しても、

ストレンジ物質同士がくっつきストレンジレットを作って安定したまま宇宙空間を漂うことができます。

ストレンジ物質に触れた物質は、その安定性に影響され、すべてストレンジ物質に変換されてしまいます。

中性子星の中でストレンジクォークが作られると、ほかのクォークと一緒になってストレンジ物質を作り、周りのクォーク物質をどんどんストレンジ物質に変換していきます。

ストレンジ物質が中性子星の中にとどまっているなら安全です。

しかし、中性子星のその強大な重力によって中性子星同士が衝突した場合、ストレンジ物質が宇宙へ放出されることになります。そして、触れた物質をすべてストレンジ物質に変換します。

ストレンジ物質同士がくっついたストレンジレットの性質は、密度が中性子星と同じくらいで、サイズは最小の場合原子以下、最大の場合数メートルにもなります。

たった一粒のストレンジ物質が地球にぶつかった場合、ぶつかった部分からストレンジ物質へと変換。地球を侵食し、最終的にはすべての原子がストレンジ物質へと変換されます。

そして、地球は小惑星サイズのストレンジ星となり生涯を終えます。

地球ではなく、ストレンジ物質が太陽にぶつかった場合も同様、太陽はストレンジ物質に侵食され、小惑星サイズの熱く小さなストレンジ星となり、地球に永遠の冬が訪れます。

ちなみに、ストレンジ物質が地球に近づいていたとしても、それを知ることはできません。ストレンジ物質は光を出さず、光と相互作用することはないためです。

ストレンジ物質＝ダークマター説

この特徴を聞くと、「あるもの」と似ていると感じるでしょうか。

光を出さず、光と相互作用せず真っ暗。そして、光を曲げることから質量を持ち、ブラックホールではないもの。

ダークマターです。

一説によれば、中性子星よりも極限の状況、宇宙誕生初期に、大量のストレンジ物質が作られ、宇宙膨張とともに広がり、重力が強い部分に密集したと考えられています。

実は、銀河の構造を維持しているものがストレンジ物質であり、ストレンジ物質はありふれたものだという説です。

もちろんこれは仮説であり、全く的外れな考え方かもしれません。

現在、様々な議論が進んでおり、宇宙から降ってくる宇宙線との相互作用で生まれる粒子や、加速器で生まれる様々な粒子の観測を試みていますが、いまだにストレンジ物質は発見されていません。

そもそも、ストレンジ物質が存在するなら宇宙全体がストレンジ物質になっているはずだという反対意見ももちろん存在します。

そもそも、ストレンジ物質など存在しなかった場合、いまここで考えていることは単なる時間の無駄になります。

しかし、多くの物理学や科学は、そんな仮説や検証によって発達してきました。的外れな考えや、間違った仮説が生まれる一方、ごくわずかな正しい理論や実験結果の集大成が現代の社会を支えています。

私たちが抱く、何気ない好奇心が行動の源になり、そんな行動の積み重ねが、将来を形作っていくことは間違いないでしょう。

太陽系はどのくらい大きいのか

太陽とその周りを回る天体からなる集団、太陽系。

中心には、巨大な恒星、太陽が太陽系を支配しています。太陽の質量が占める割合は、太陽系全体の99・86％。太陽を除くほかの惑星の質量をすべて足したとしてもその合計は、太陽系全体のたった0・14％です。そして0・14％の質量のうち、木星、土星、天王星、海王星が99％を占めています。

太陽系はどのように作られたか

138億年前、突如、エネルギーだけで満たされた熱い空間が誕生します。宇宙の始まりです。空間はじわじわと大きさを増していき、ある瞬間から突然、インフレーションと呼ばれる急激な空間膨張が始まります。量子揺らぎがそのまま引っ張られるほどの勢いで空間が拡張していきます。

そして宇宙が巨大になり、次第に冷え、空間は物質のガスで満たされます。太陽系も、この原子のガスから生まれることになります。

今から約46億年前、数光年サイズに広がっていた原子のガスが、重力によって集まり始めます。すると中心の重力が強くなり、集まったチリやガスが、角運動量保存の法則によって円盤状に回転を始めます。

回転によって運動を持った原子同士は互いに衝突し、衝突が熱エネルギーに変換され、円盤の中心に近づくほど温度が高くなります。円盤の中心の密度がどんどん高くなり、次第に球体を形成。球体を作った水素が核融合を始め、現在の太陽のように光り輝き始めます。

このころ、中心よりも外側を回っていたガスやチリも、次第に重力によって微惑星を形成します。

太陽系初期は、このようにして誕生した１００億個を超える小さな惑星で満たされています。

微惑星は互いに衝突し、破壊、破片をまき散らし、集合したりする中で、次第にサイズが大きくなっていきます。

合体や破壊を繰り返すことで、質量が大きな塊は重力が強くなります。軌道上で最も大きな質量を持つ惑星が支配的な力を持ち始め、現在の惑星のように巨大化。

こうして現在の太陽系が誕生します。

太陽とは何者か

太陽系の中心は太陽です。質量は地球33万3000個分。太陽系全体の99・86％の質量を持っています。

強大な重力によって中心部、コアの水素が核融合し、星がつぶれようとする力と反発し、絶妙なバランスを保ち、丸く熱く輝いています。

太陽は電磁波によって莫大なエネルギーを放出します。放出する電磁波は様々ですが、主なものはガンマ線やX線、紫外線、赤外線などです。そして最も多く放出している電磁波は可視光線です。

太陽が放出する電磁波が地球を明るく照らし、私たちの活動を支えています。

太陽を周回する4つの「地球型惑星」

では、太陽周辺の天体はどうなっているでしょうか。

太陽を回る惑星は8つ。8つは2種類に分類されます。

太陽の近くを公転する天体のうち、岩石や金属を多く含み、サイズが小さく密度が高い惑星を地球型惑星と呼びます。

地球型惑星は4つ。

太陽から近い順に、水星、金星、地球、火星です。ここからは、地球以外の3つの地球型惑星を紹介します。

地球型惑星❶ 水星

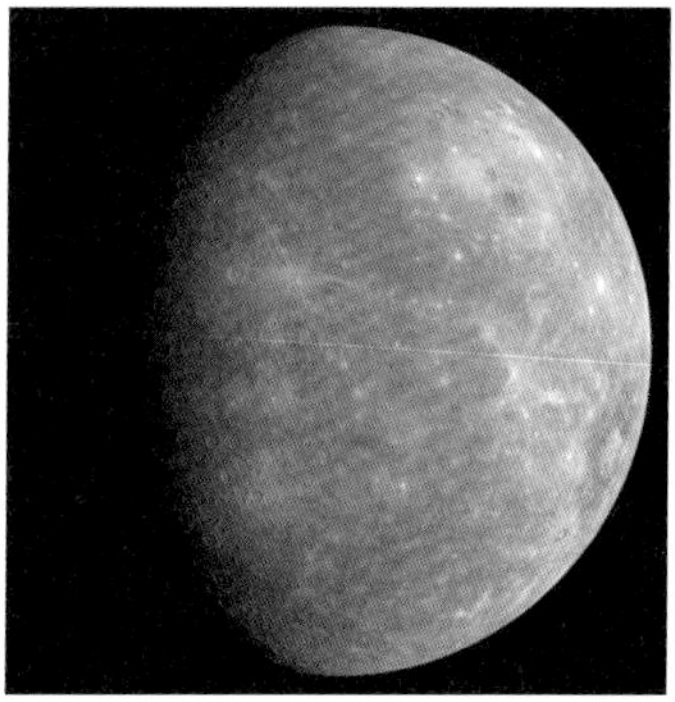

水星

水星は太陽に最も近く、最も小さい惑星です。太陽の周りを楕円《だえん》形の軌道で88日かけて一周しています。通常、恒星にこれほど近い惑星は、強力な重力によって自転がロックされ、地球を回る月のように、常に同じ面を太陽に向けて回ります。しかし、水星の軌道は楕円形なので、完全なロックを免れ自転しているのです。

表面の平均温度は約180℃。大気がほとんど存在しないため、昼と夜の温度差は大きく、夜は－170℃、日中、最も熱い場所では400℃を超えます。非常に極端な環境ですが、日光が当たらない場所には固体の水、氷が存在しています。

地球型惑星❷ 金星

水星の一つ外側に金星があります。金星は地球と最も近い惑星です。

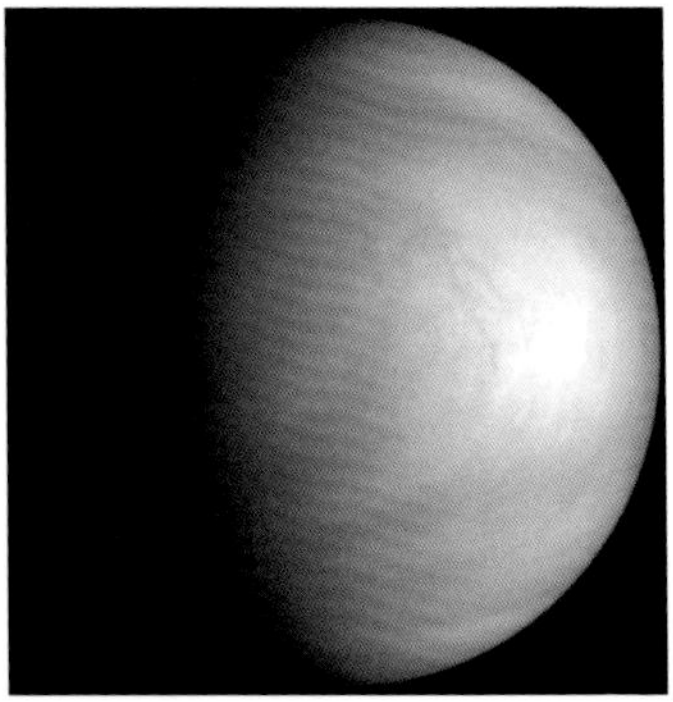

金星

太陽の周りをきれいな円を描いて公転し、惑星のサイズや密度は地球とほぼ同じですが、大気のほとんどは二酸化炭素です。

二酸化炭素の大気は非常に重いため、地表付近の気圧は地球の92倍。これは水深９２０ｍの海に素潜りするのと同等です。つまり、人間は金星の表面で生活することはできません。

水星に比べて太陽からずっと遠い距離にありますが、二酸化炭素の温室効果によって気温は約４６０℃と水星よりも高いのです。

ほかの太陽系惑星の自転とは逆回転をしており、その速度は非常に遅く、一周するのに２４３日もかかります。１２０日間以上、昼と夜が続きます。

地球型惑星③ 火星

火星は、地球よりも外側を回る地球型惑星です。

火星の直径は地球の約半分。重さはたったの10分の１と小さな惑星です。

火星の表面積は、地球の陸の面積と同じです。重力は地球の40％ほどしかなく、地表の原子は宇宙に放出されてしまい、大気はほとんどありません。

一方、1日の長さは地球とほぼ同じ、約24時間40分です。

薄い大気によってつむじ風が発生し、水の存在を示す地形があるなど、地球に最も似た太陽系惑星となっています。

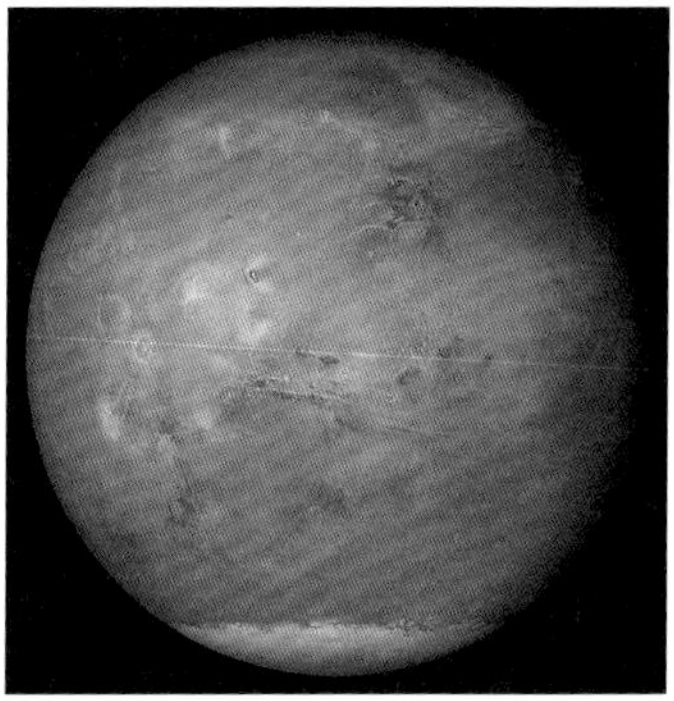
火星

エネルギー使用量から見た文明レベルを表す「カルダシェフ・スケール」（288ページ参照）によると、現在の人類は、地球資源を利用するタイプ1に満たない文明です。タイプ2の文明（太陽から直接エネルギーを取り出したり、そのエネルギーを使って惑星を自由に改造できる技術を持つ）を目指すとき、火星は、人類が地球のように改造し、永住する一つの惑星になるかもしれません。

惑星になり損ねた「小惑星帯」

火星の一つ外側には木星がありますが、火星と木星の間には、太陽系のもう一つの構造が存在します。それが小惑星帯です。

直径数ミリメートルから数メートル、数キロメートルなど様々なサイズの小惑星が無数に散らばっています。これら大小様々な天体は、惑星になり損ねた物質の集まりです。

通常、惑星は、小惑星が衝突を繰り返すことで作られます。

しかし、小惑星帯周辺の小惑星は、近くにある木星の強力な重力によって、成長を阻害されそのまま残っています。つまり、小惑星帯は原始の太陽系そのままなのかもしれません。

大小様々な天体が無数に散らばり、密集しているエリアですが、実際の密度はスカスカです。

よって、ロケットで小惑星帯を通過してもぶつかる心配はほとんどないといわれています。

小惑星帯に存在する最も大きな天体は、準惑星ケレスです。

直径は約1000㎞。東京と鹿児島の直線距離に相当します。通常の小惑星は、分子同士が結合する力で形成されるため、いびつな形をしています。しかし、準惑星ケレスは、自身が生み出す重力によって球体となっています。

小惑星帯に存在する数多くの小惑星は、現在でも互いに衝突を繰り返し、軌道が変わり、地球をかすめたり、小さな破片が降り注ぎ、流れ星となって私たちを楽しませてくれています。

太陽を周回する４つの「巨大惑星」

小惑星帯の外側には４つの巨大惑星、木星、土星、天王星、海王星が存在します。地球型惑星が岩石や金属でできているのに対し、巨大惑星は水素やアンモニアなどの揮発性ガスで作られています。

次に、これら４つの「巨大惑星」を紹介します。

巨大惑星❶ 木星

木星は太陽系最大の惑星で、重さは木星以外の太陽系惑星をすべて足した2・6倍です。直径は太陽の10分の1、地球の10倍と巨大な惑星にもかかわらず、自転速度は非常に高速で、一周するのにたったの10時間。あまりにも速い自転によって、赤道付近の重力は、北極や南極地点よりも７％ほど小さくなります。

表面は、比重が小さい水素で満たされ、中心に潜っていくと、比重が大きなヘリウムが増えていきます。

木星

木星表面は独特な模様になっています。この模様は種々の分子ガスが作り出す雲であり、年月が経つにつれ、木星表面の模様は変化します。

木星は質量が大きく、強力な重力を持つため、周囲の小惑星や岩石を引き寄せ、たびたび大規模な衝突を発生させます。木星より内側の内惑星系めがけて飛来する天体も、木星による巨大な重力に引き寄せられて、内惑星系への被害を最小限にとどめています。もし木星が存在しないなら、隕石が地球に衝突する頻度は増加し、生命豊かな地球が生まれることはなかったともいわれています。木星はいわば、「地球のボディガード」といったところです。

巨大惑星❷ 土星

木星の外側には、木星と同じく、巨大なガス惑星、土星があります。土星は木星に次ぐ巨大惑星であり、体積は地球の７６４倍。しかし、主成分はガスで、質量は地球の95倍ほどです。比重は水の30％ほど。よって、もし、土星がすっぽり入るプールを用意すれば、土星はプールにぷかぷかと浮かびます。

大気表面の主成分は96％が水素であり、生まれたばかりの太陽とほぼ同じ元素バランスになっています。

土星には巨大な環があり、土星を周回する衛星が、強力な潮汐《ちょうせき》力によって破壊され形成されたと考えられます。

土星

巨大惑星③ 天王星

土星の一つ外側に存在する巨大惑星が天王星です。

木星や土星と異なり、青く輝く惑星はどこか神秘的に見えます。

天王星は太陽から遠いため、寒く、表面の薄い大気の下は、液体ヘリウムと液体メタンで満たされ、その下は液体のアンモニアと凍ったメタンでできています。そのため、海王星とともに巨大氷惑星と呼ばれることがあります。

通常の惑星は地球のように横向きに自転していますが、天王星は縦向きに自転します。理由は不明ですが、巨大天体の衝突が有力な説になっており、シミュレーションの結果、過去に大きな衝突が2回発生した場合、自転が現在の天王星に一致することがわかっています。

天王星

天王星が太陽の周りを一周するのにかかる時間は84年。縦向きの自転と、遅い周回スピードが原因となり、天王星の極点では、昼と夜がそれぞれ42年続きます。もし、天王星で生まれたのなら、長い人生のうち、昼と夜をそれぞれ一回ずつしか経験できないのでちょっと寂しい気もします。

巨大惑星❹ 海王星

天王星の外側、太陽から最も遠い巨大惑星が海王星。
天王星と同じく、海王星の成分は、ガスが液体状、固体状になっていて、表面大気のメ

海王星

タンなどのスペクトル吸収から青く輝いています。大気は水素とヘリウムが主成分です。

海王星の表面は強烈な風が吹き荒れ、その暴風は太陽系ナンバーワン。風速は、秒速360m。時速に換算すると、1300㎞。つまり、戦闘機の窓から顔を出すのと同じです。

海王星はとてつもなく巨大な惑星ですが、地球からの距離が遠く、発見が遅れた惑星です。

海王星発見には、天王星と万有引力の法則が密接に関係しており、あるドラマがありました。

海王星が未発見だったころ、天王星の動きと万有引力の法則を照らし合わせたところ、計算結果と観測結果が一致しないことが判明します。ここで万有引力の法則の正しさが揺らぎます。しかし、天王星の動きを万有引力の法則でより詳しく計算したところ、近くに存在する未知の巨大重力源によって天王星の軌道が乱されていることがわかります。万有引力の法則を使って、巨大重力源の位置を計算し、その場所に望遠鏡を向けたところ、海王星が発見されたのです（詳細は130ページで紹介します）。

カイパーベルト

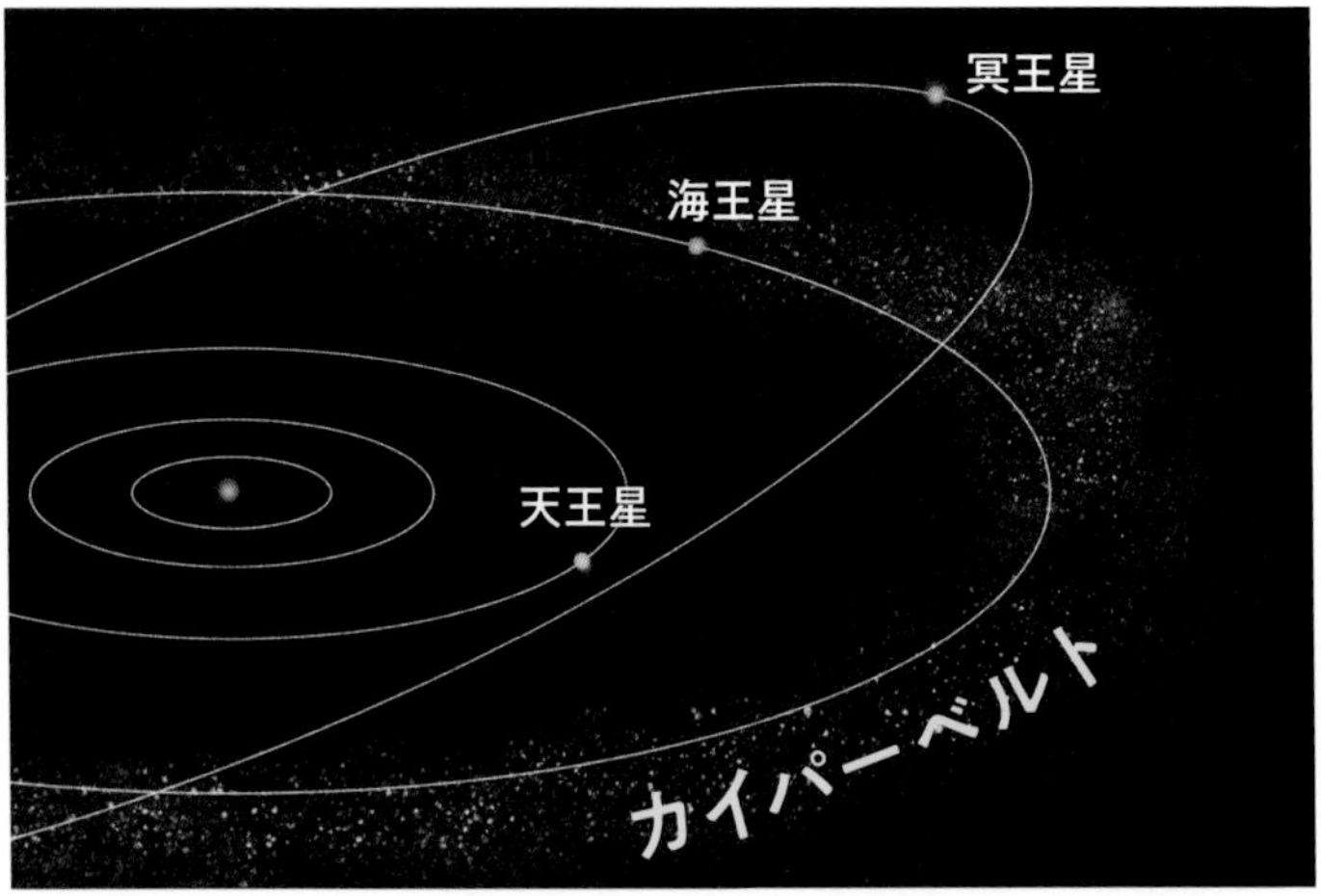

冥王星はなぜ太陽系から外れたか

ここまでが一般的に想像する太陽系ですが、海王星の外側には、まだまだ多くの天体が存在します。

海王星の外側に天体が密集するエリアがあり、これをカイパーベルトと呼びます。直径が１００㎞を超える天体は推定10万個以上。その中で最も有名なのが冥王星です。

冥王星は１９３０年に発見され、９つ目の太陽系惑星とされていました。しかし、惑星の条件を満たしていないことから２００６年に惑星から外れ、準惑星になりました。

カイパーベルトは太陽から十分遠い天体の集まりですが、それでも、太陽系の最も外側の構造ではありません。

カイパーベルトのさらに外側には、散乱円盤天体が存在します。通常、天体はきれいな楕円で太陽の周りを公転しますが、このエリアでは、海王星などの巨大惑星の重力で軌道を乱された天体が太陽の周りをいびつな楕円を描きながら周回しています。その外側には「オールトの雲」という小天体群があります。

ここまでくると、太陽の影響力は相当小さいと想像しますが、実はまだまだ遠くまで、太陽は影響力を発揮しています。

太陽系の最遠方にある太陽圏、そしてその先は？

その影響力が及ぶ一つが太陽圏です。太陽圏とは、太陽の活発な活動によって発生する「太陽風」が影響する圏内を指します。「風」といっても、その正体は陽子と電子です。

太陽の成分である水素は、超高圧によって電子と陽子が自由に動き回るプラズマ状態になっています。加えて、太陽の磁場によってプラズマはかき乱され、一部が太陽の外、宇宙空間へと放出されます。

太陽風の速度は、秒速数百キロメートル。これが地球をかすめた場合、地球の磁場でプラズマの軌道が変わり、北極や南極上空に降り注ぎます。すると太陽風は「オーロラ」となり、夜空を美しく演出します。

地球や惑星にぶつからなかったプラズマは、冥王星やカイパーベルト、散乱円盤天体の外にまで到達します。

太陽系は銀河系の中を動いており、太陽系全体が進行する方向の空間に存在する陽子や電子は、太陽から放出されたプラズマに衝突します。この現象によって太陽風が次第に減速し、ちょうど釣り合うポイントが存在します。

この境界面がヘリオポーズです。

太陽からヘリオポーズまでの距離は約140億6000万km。実感しづらいので、別の単位auを使います。

auは別名、天文単位です。地球と太陽との距離を1auと取り決めます。

ヘリオポーズの距離を天文単位に直すと、94au。太陽風は、地球と太陽の距離の94倍にまで影響力を発揮しています。

太陽圏の向こう側に到達した探査機「ボイジャー」

現在、人類が送り込んだ探査機で最も遠い距離に到達しているのは「ボイジャー1号」

です。１９７７年、ＮＡＳＡによって打ち上げられたボイジャー１号は、２０１２年に94ａｕ先のヘリオポーズの存在を確認し、太陽圏の外側に到達したことがわかりました。現在も広大な宇宙を旅しています。

人類が知恵や技術の粋を集め、ようやく降り立つことに成功した唯一の天体が月です。地球から距離にして約38万㎞。

そんな私たちにとって、お隣の恒星、銀河系、ヘリオポーズはまだまだ遠く、触れることができない未知の存在です。

いくら観測し、研究したとしても、それは神秘的で現実離れし、存在を実感することはありません。

しかし、太陽系を知り、その影響力を知った今、太陽や隣の恒星、銀河系、そして中性子星やブラックホールですら、私たちが住む銀河、宇宙に存在していることを感じます。

私たちが研究を続ける様々な理論や技術の進歩は加速度的に速くなっています。

飛行機という技術革新が地球を小さくしたのと同様に、科学と技術の進歩によって宇宙は着実に小さく、身近な存在になっていくでしょう。

第3章 エネルギー

エネルギーとはなにか

ダイナマイト、核兵器、それらは爆発によって強力なエネルギーを放ちます。硬い岩盤を砕き、巨大なクレーターを作るなど地球に対して一定の影響を与えます。

一方、太陽が放つコロナ、超新星爆発、ブラックホールの重力など、宇宙規模で見ると私たちが扱うエネルギーはあまりにも小さな存在です。さらに、宇宙空間全体で考えれば、太陽やブラックホールのエネルギーすらも、宇宙を構成する小さな要素の一つなのです。

では、私たちの宇宙における「エネルギー」とは、そもそも何なのでしょうか。全宇宙のエネルギーを知るすべはあるのでしょうか。

熱や電気はエネルギーではない

エネルギーという言葉を聞くと、簡単に想像できるような気がします。炎が持つエネルギー、太陽が持つエネルギー、原子力発電所が作り出すエネルギーなどです。しかしエネルギーの本質を考えようとすると、じつは想像が非常に難しい存在であることがわかります。

太陽の暖かさ、焚き火の温もり、核分裂の熱、これらはエネルギーではありません。「温かさ」とはエネルギーの働きであり、エネルギーそのものではないのです。エネルギーの働きによる産物として、熱や電気が発生します。

では、エネルギーとは何を指すのでしょうか。

科学の世界では、エネルギーはたったの二つに分類されます。

一つは、化学的なポテンシャルエネルギー、もう一つは運動エネルギーです。

エネルギー❶ ポテンシャルエネルギー

化学的なポテンシャルエネルギーは、化学結合そのものです。ピンと張ったゴムのような状態で、常に縮もうとする力が働いています。結合を破壊すれば、それまで溜まっていたポテンシャルエネルギーが一気に放出されます。

例えば、石油や石炭は、火をつけると化学結合が破壊され、エネルギーが放出されます。放出されたエネルギーは熱として現れ、私たちはその熱を感じているのです。

エネルギー❷ 運動エネルギー

運動エネルギーはその名の通り、運動に関するエネルギーです。

車や飛行機などが動くとき、運動エネルギーを持っています。運動エネルギーは大きな物体も小さな分子も同じです。分子や原子は、移動したり、振動したり、回転したりしますが、これが運動エネルギーそのものです。

水分子で考えてみましょう。

水分子は水素原子2個、酸素原子1個がつながっていて、分子や原子は振動しています。これが分子や原子が持つ運動エネルギーです。

コップ一杯の水の中には、大量の水分子が入っていて、各分子は大きく振動するものや小さく振動するものなど様々です。つまりエネルギーの大きさは異なるということ。そして、各分子のエネルギーを平均したものが水の温度であり、コップに指を入れたり、水を飲むときに、エネルギーとして温かさや冷たさを実感します。

運動エネルギーが熱として姿を現すとき、「熱い・冷たい」と表現しますが、これは相対的な意味しか持ちません。

例えば、コップに冷たい水を注いで部屋に置く場合、水分子よりも空気中の分子の方が大きな運動エネルギーを持っています。

水分子よりも激しく振動している空気中の分子が、水分子にぶつかり、水分子を振動させることで、コップの中の水の温度を上げていきます。

逆に、コップに熱いお湯を注ぐと、水分子が空気中の分子を振動させ、部屋の温度が若干上がり、コップのお湯が冷めていきます。

水一滴の持つエネルギーは、原子爆弾に匹敵する

エネルギーには重要な原則があります。それは、減ったり増えたりすることがないということです。

エネルギーが移動することはあっても、トータルで見ればエネルギーの量は常に一定です。お湯が冷めると、お湯のエネルギーは減りますが、空気中へエネルギーが移動しているだけです。

これは宇宙全体を見ても同じです。宇宙が誕生した瞬間に、宇宙が持つエネルギーの合

計はすでに決まっています。正体不明のダークエネルギーを除けば宇宙のどこかで新たにエネルギーが生まれたり、どこかに消えてしまったりすることはありません。宇宙が持つ総エネルギーは、宇宙誕生から現在、そして未来も常に一定なのです。

では、宇宙が持つエネルギーはどこに、どのような形で存在しているのでしょうか。その謎を解くカギは、アインシュタインが発表した相対性理論の公式（$E=mc^2$）です。この公式は、「質量はエネルギーであり、質量とエネルギーは変換可能」ということを表しています。例えば1gの物質が持つエネルギーは90兆ジュールです。これは、長崎の原爆とほぼ同じエネルギー量です。スポイトで垂らした一滴の水をすべてエネルギーに変換すると、原子爆弾一発分ほどあるのです。

エネルギーから物質を作り出すには

質量からエネルギーに変換する現象は爆発の現象として想像できますが、エネルギーから物質を作る現象はどのようなものでしょうか。重要なのが、エネルギーの密度です。莫大なエネルギーをきわめて狭いエリアに凝縮すると物質が生まれます。エネルギー密度を高くして、生まれてくる粒子が素粒子です。

エネルギーから物質を生み出すなどというと、単なる理論上の話に聞こえてしまいます

粒子・反粒子と生成・消滅の仕組み（水素と反水素の場合）

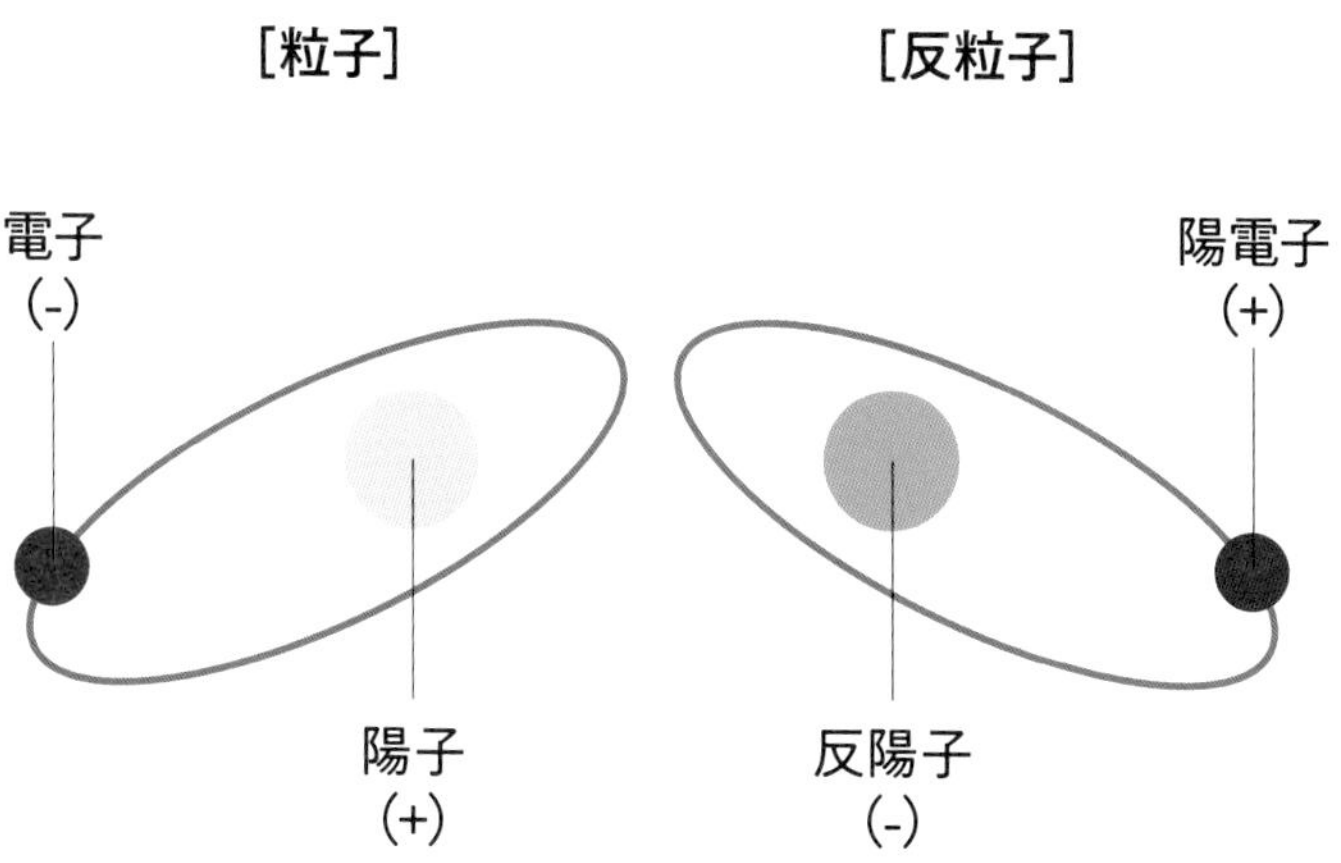

が、実際に実験でエネルギーから素粒子を作り出すことは可能です。

例えば、陽子や中性子を衝突させる加速器。加速された陽子や中性子が浮遊する原子に衝突すると莫大なエネルギーが高密度で発生し、エネルギーから粒子が生まれます。その数は1秒間に数十億個にもなります。

エネルギーから素粒子が生まれるとき、必ず2つ1組のペアとして出現します。

電子を例に見てみます。

電子は非常に軽い素粒子の一つであり、負の電荷を持っています。エネルギーから電子を作ったとき、負の電荷を持つ電子と同時に、正の電荷を持つ電子も生成されます。

正の電荷を持つ電子は「陽電子」と呼ばれています。ペアとして生成されるもう一方の粒子を「反粒子」といいます。

反粒子は電子だけではありません。すべての素粒子に反粒子が存在します。そんな反粒子で作られる粒子には、反陽子や反中性子があります。原子を構成する陽子、中性子、電子にはすべて反粒子が存在するのです。反陽子、反中性子、陽電子が存在するなら、反粒子だけで構成される反原子も存在可能です。例えば、通常の水素原子は陽子の周りを電子が囲んでいます。よって、反陽子とその周りを囲む陽電子の物質が、反水素というわけです。このように、反粒子から作られた物質を「反物質」といいます。

反物質が生み出すエネルギー

例えば、反陽子の周りを陽電子が回る反水素。同様に反酸素も存在可能です。

粒子と反粒子が衝突し、質量すべてをエネルギーとして放出するのと同様に、物質と反物質が衝突すると、莫大なエネルギーを放出します。この反応は現在考えられる最高のエネルギー密度を持っています。車の燃料に例えるなら、合計1gの物質と反物質があれば、2トンを超える5台のミニバンを10万km走行させるエネルギーを持っています。つまり新

物質と反物質

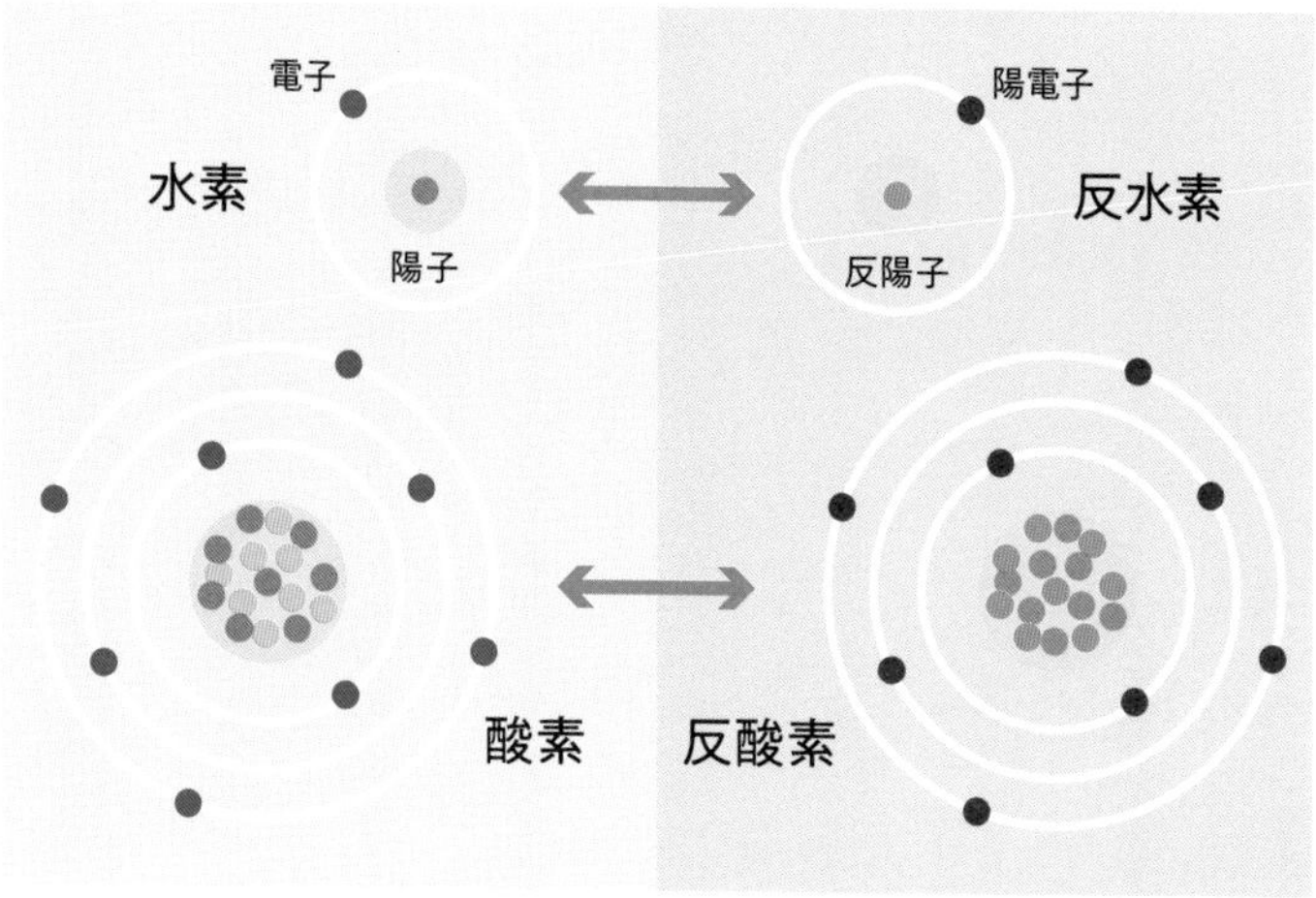

車を購入してから廃車にするまで、一度も燃料を補給する必要がありません。

反物質は、すさまじいエネルギー効率を期待できますが、残念ながら地球上に天然の反物質は存在しません。あくまで、加速器を使って作り出す必要がありま す。ただし、反物質を作るには反物質が持つ数十億倍のエネルギーが必要です。

作った反物質を燃料にするのは得策ではないようです。

それなら、宇宙に散らばるはずの反物質を利用すれば問題は解決するはずです。

宇宙にはどれほどの反物質が存在するのでしょうか。それを知るには宇宙誕生にまでさかのぼらなくてはなりません。

宇宙誕生の際に、エネルギーから素粒子が生まれ始めます。このとき、同時に反粒子も生まれます。生成された粒子と反粒子の割合はちょうど50対50。誕生初期の宇宙には、粒子と反粒子は同じ量が存在していたはずなのです。

生まれた粒子と反粒子は互いに衝突し再びエネルギーに戻ります。誕生初期の宇宙では、エネルギーから粒子が生まれては消える現象が絶えず起こっていました。粒子と反粒子が衝突すると、エネルギーは電磁波として放出され、この電磁波が、マイクロ波の波長に引き伸ばされ、宇宙の背景放射として現在でも観測可能です。よって、宇宙誕生初期に存在していた反物質はすべて消滅してしまいました。

しかし、ここで疑問が生まれます。

エネルギーから生まれる粒子と反粒子はちょうど半分ずつです。生まれた粒子（と反粒子）は、すべて電磁波に変換されてしまうはずです。しかし現在の宇宙には、銀河や太陽、地球、そして私たちが存在しています。つまり、物質が大量に存在しているのです。

最新の研究によって、宇宙誕生で生成された物質と反物質は、何かが原因で10億個に1個の割合で「物質の方が多かった」ことが判明しています。もし、宇宙誕生初期に、物質と反物質の割合がちょうど半分ずつであったなら、現在の宇宙は電磁波が飛び交うだけの寂しい空間だったことでしょう。

1964年、中性K中間子（複数の素粒子が組み合わさった物質）崩壊の観測を行っていた二人のアメリカ人物理学者が、物質と反物質の生成がちょうど半々ではなくなる現象の候補を発見（「CP対称性の破れ」）しました。その後1973年、当時、京都大学の2名の物理学者によって「小林・益川理論」が発表され、CP対称性の破れを理論的に説明。現在の宇宙が物質で満たされている理由の解明が進みました。

一方、CP対称性の破れが説明する粒子と反粒子の不釣り合いは、100億個に1個の割合でしかありません。現在の宇宙を説明するためには桁《けた》が一つ足りていないのです。

宇宙の全エネルギーのうち、わかるのは5％だけ

このように、現在の宇宙は、エネルギーから生成された物質で構成されています。物質で満たされた私たちの宇宙。そんな宇宙に存在するエネルギー量を知りたいのなら、宇宙に散らばる物質の質量を合計すればよさそうです。

質量はエネルギーに変換可能だからです。

結論から言えば、宇宙の物質を合計しても宇宙のエネルギー量を知ることはできません。なぜなら、全宇宙が持つエネルギーの中で、物質が持つエネルギーはたったの5％ほどしかないからです。

では、残りの95％のエネルギーは、どこに行ってしまったのでしょうか。最新の科学によって、物質以外の宇宙が持つエネルギーの正体がある程度推測できます。

それがダークマターと、ダークエネルギーです。

ダークマターは全宇宙が持つエネルギーの27％、物質の5倍以上のエネルギーを持っています。物質とダークマターのエネルギーを合計すると、全宇宙の32％です。

残りの68％は、ダークエネルギーが持っています。

結局のところ、正体不明のエネルギーが宇宙最大の力を持っているということです。

あなたが今見ているスマートフォンやパソコン、そしてあなたは部屋にいて、そこで窒素や酸素を吸ってゆったりくつろいでいます。それらはすべて物質です。

冒頭で紹介した通り、エネルギーそのものは直接感じるものではありません。

意識する、しないは別として、私たちが物質として実感しているエネルギーは、宇宙のたった5％でしかありません。

こう考えると、判明していない95％分のエネルギーが、私たちの周りに存在していないことの方が不思議に思えてくるでしょう。

もしかすると、実感がないだけで、実は、ダークマターやダークエネルギーは、物質以上に身近に存在しているかもしれません。

重力の正体

重力を解き明かそうとした科学者たち

最も身近な力である一方、私たちが普段意識することがない「重力」。

現在の科学でも証明できない、最も難しい力です。

重力解明の歴史は古く、今から400年以上前に、重力を力学として解き明かそうとしています。有名なのがガリレオ・ガリレイです。ガリレオは重さの大小にかかわらず、重力はすべて平等に働くと考えました。

1589年、ピサの斜塔から重さの異なる球を落下させる実験を行ったといわれています。実験の結果、重い球も軽い球も落下速度は等しく、同時に着地したのです。

同様に、例えば家の掃除中、宙を舞うほこりはゆっくりと落下していきますが、もし空気がなければ（真空状態）、野球のボールもほこりもまったく同じスピードで落下します。つまり、重力はどの物体も等しい速度で落下させるのです。

1666年、アイザック・ニュートンは重力を数式で表すことに挑戦します。万有引力の法則です。

万有引力の法則は、「すべてのものは互いに引き合う」ことを一つの公式で表すことに成功したとする法則です。当時、地球上で感じる重力と、太陽の周りを回る地球の重力は別物だとされていた中で、万有引力の法則誕生は、どちらの力も同じ原理で説明できるという、まさに理論革命が起こった瞬間でした。

万有引力を一言で説明するなら、質量が大きな物体ほど重力が大きく、重力の作用は、重力の中心から距離が近いほど強くなり、遠ければ弱くなるというものです。

目の前のスマートフォンとあなた自身は互いが発生する重力によって引き合っています。

ビー玉を二つ並べれば、それぞれが発生させている互いの重力で引き合います。

しかし、これらの重力はあまりにも小さく、実感できません。一方で、物体が地球サイズになると、地表で1Gの重力を感じます。その力は強大であり、実際に地球が生み出す重力によって地球は月をつなぎとめています。

地球の33万倍の質量を持つ太陽は、地球をつなぎとめ、さらには天王星や海王星といった、地球よりもはるか遠い地点まで太陽の重力で惑星をつなぎとめます。

万有引力の法則を使えば、1か月後に地球がどこにあるのか、1年後に木星がどこにあるのか、計算が可能になります。

万有引力の法則による、惑星の発見

万有引力の法則が世に定着するまでに、あるドラマがありました。それは、海王星の発見です。

当時、天文学者たちによって、太陽系の周りを地球や火星、木星などの惑星が公転していることがわかっていましたが、その力を説明することができませんでした。

そこに万有引力の法則が誕生します。

天文学者たちは、万有引力の法則を使って、各惑星の軌道を計算したところ、その挙動が見事に観測結果と一致。万有引力の法則が脚光を浴びることとなります。

しかし、問題が発生します。

各惑星の中で、天王星だけが万有引力の法則による計算結果と観測結果が一致しないのです。この瞬間、万有引力の信頼が揺らぎます。万物を計算する法則は実は間違っていたのではないか、と……。

そこで、天文学者は天王星の動きをさらに詳しく解析し、万有引力の法則と照らし合わせて検証します。

すると、驚きの事実が判明します。

天王星軌道の計算結果のずれは、天王星の近くにある強大な重力が原因であることが浮上したのです。天王星の挙動から重力源の位置、距離、天体の質量などを計算。すると、発見されていない巨大惑星の存在が示唆されました。

そして、万有引力の法則が示した、惑星が存在するであろう場所を観測したところ、見事、海王星が発見されたのです。

この瞬間、万有引力の法則が、まさに重力を説明する法則にふさわしいことが改めて証明されました。

万有引力の法則の崩壊と、アインシュタイン

第1章で紹介したとおり19世紀に入ると、万有引力の法則に矛盾が確認されます。

観測技術の発達によって、太陽に最も近い水星を精密に測定したところ、万有引力の法則の計算結果とずれてしまうことが判明したのです。

万有引力で計算するよりも、水星の近日点（軌道上で太陽に最も接近する点）が１００年に50秒ほどずれてしまうのです。

何度も精密に測定しても、このずれは誤差ではなく、同様の測定結果が出ました。

ここで、万有引力の法則が崩壊したのです。

宇宙のすべてを説明するはずの万有引力の法則崩壊は、物理学に衝撃を与えました。そして、この問題を解決するべく、アルベルト・アインシュタインが登場します。

アインシュタインは、重力という概念を、まったく別の視点からとらえた「一般相対性理論」を提唱します。

まず、重力を考えるにあたり、重力を考慮しない「特殊相対性理論」を構築します。

特殊相対性理論は、重力が存在しない条件で電磁気学的現象および力学的現象を説明する理論です。

アインシュタインは特殊相対性理論構築にあたり、二つの基本的理論をベースにします。

一つは「光速不変の原理」。真空における光の速度cは、どの慣性座標系でも同一だという理論です。

もう一つは、「相対性原理」。すべての慣性座標系は等価であるという原理です。

アインシュタインの発想は、奇抜そのものでした。

従来の力学では、時間という概念は絶対時間を前提としており、時間は常に一定の速度で流れることが当たり前の事実として計算に組み込まれていました。

さらに、空間も絶対的なものとして扱っていました。しかし、アインシュタインはそれらを放棄したのです。

時間、空間が柔軟に変化しうることになったとき、従来の力学と電磁気学は見事に統合。アインシュタインはそれを特殊相対性理論として発表しました。

赤方偏移とは

特殊相対性理論の一例が「赤方偏移」です。

赤方偏移とは、電磁波の波長が長くなることをいいます。

例えば、地球から遠ざかる星を観測すると、実際の星の色よりも赤っぽく変色していることがわかります。

なぜ、地球から遠ざかる光は、赤方偏移を起こすのでしょうか。救急車のサイレン音で

赤方偏移

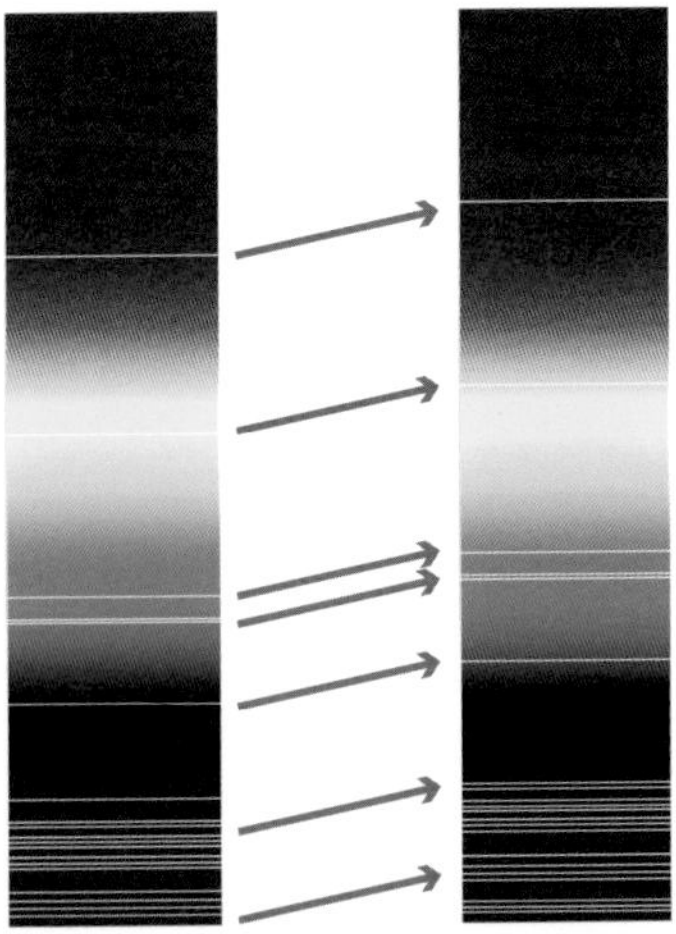

例えましょう。救急車が近づいてくるとき、サイレンの音は高くなり、遠ざかるときに低くなります。

音は波であり、音源に接近しているときは音の波長が短くなり（音が高く聞こえる）、遠ざかるときには波長が長く伸びる（音が低く聞こえる）のです。これを「ドップラー効果」と呼びます。

音にドップラー効果があるのと同様に、同じ波である光にもドップラー効果が存在します。

星が遠ざかるとき、音が低くなるのと同様に、光も波長が長くなり、赤方偏移を起こすのです。

赤方偏移は目に見える可視光線だけのものに感じますが、実際にはすべての電磁波で発生します。

ガンマ線はX線方向へ、X線は可視光線方向へ、赤外線はマイクロ波方向へ、すべての周波数帯の電磁波は、電磁波の発生源が遠ざかることで赤方偏移が発生するのです。


では、人間の周りを光源が高速で周回する場合はどうでしょうか。

この場合、光源は近づくことも遠ざかることもなく距離は一定です。実際に、自分を中心に救急車が高速で周回しても、ドップラー効果は発生しません。

ところが、光の場合、光源の周回速度を速くするほど、赤方偏移が強くなり、より赤っぽく偏移するのです。この原理が、まさに時間が柔軟に変化する特殊相対性理論なのです。

「光速不変の原理」によって、光源がいくら速く回転しても、光の速さは秒速30万kmで一定でなければなりません。光源の進行方向に向かう光が速くなり、逆の光が遅く進んではいけないのです。よって、光速不変の原理を守るために、高速で移動している光源は、時間の進み方が「遅くなければならない」のです。

実際に、高速で移動している光源の時間の進み方は遅く、そこから出てきた光は波長が引き伸ばされ赤方偏移が発生するのです。

この現象は、光速を一定にするために、無理やり時間の流れを変化させるというこじつけに感じます。しかし、地球の周りを高速で回転しているGPS衛星は時間の進み方が遅く、GPSに搭載された原子時計は地上の原子時計に比べ、1年で0・0109 49秒遅いため、その遅延分を補正しています。

「物体が速く動けば動くほど、動く物体の時間の流れは遅くなる」

アインシュタインは、従来では計算できなかった現象を、時間が柔軟に変化するという要素を加えることで方程式を完成させたのです。

特殊相対性理論に重力を加えた「一般相対性理論」

特殊相対性理論を完成させたアインシュタインは、特殊相対性理論に重力を組み込むことが可能であることに気がつきます。

重力を除外することで成立する特殊相対性理論に、アインシュタインはどのように重力を組み込んだのでしょうか。

決め手は「等価原理」でした。等価原理とは、加速や減速などの運動、要するに加速系は、重力と同様であるとするものです。

窓がない、完全に閉鎖された箱を考えてみましょう。

箱の中に入り、箱ごと空から落下すると、箱の中は無重力になります。箱の外から見れば、箱が落ちていることはわかりますが、箱の中にいる人は、無重力なのか、落ちているのか、区別することはできません。つまり、自由落下と無重力は同じなのです。

4つの相互作用の中でも、重力は特殊な存在ですが、実際には重力は加速や減速と区別できず、加速系と同様であると考えることができるのです。

そして、この等価原理を使って特殊相対性理論に重力を組み込むことで、「一般相対性理論」が完成します。

重力が強いほど、時間は遅くなる

おさらいをしましょう。

光は、高速移動するときと同様に、加速している場合、赤方偏移が発生します。

光は光速不変の原理によって加速している場合でも、秒速30万㎞と一定でなければなりません。光速不変の原理を守るためには、時間が遅く進む必要があります。

そして、実際に加速系の場合、時間は遅く進みます。加速と重力は等価原理によって、同様の力だと考えることが可能になります。

つまり、重力が強ければ強いほど、時間は遅れるのです。

こちらも実際に、GPS衛星は、地上よりも地球の重力の働きが弱まる宇宙空間にいるため、地上の原子時計よりも衛星に搭載された原子時計は1年あたり0・01494秒速く動きます。

GPS衛星の時間のずれをまとめると、地球の周りを高速で移動していることで時間が0・01094 9秒遅くなり、地上よりも重力が弱まる高高度にいることで時間が0・01494秒速くなります。重力の影響と、移動速度の影響を足し合わせると、GPS衛星の時間は1年間で、地上よりも0・004秒ほど速く動いているのです。

アインシュタインは、加速と重力は同じであるという等価原理を使って、重力を特殊相対性理論に組み込み、一般相対性理論を完成させたのです。

一般相対性理論で、水星の謎が解けた

一般相対性理論の完成によって、万有引力の法則で問題となった水星軌道の不一致は解決することになります。水星は、太陽に近いため、重力ポテンシャルが深くなります。要するに、重力の中心に近く、重力の影響が強い場所に存在しています。また、強大な重力に逆らうために、公転スピードも速くなります。

太陽の強大な重力によって時空がひずみ、水星自身が高速で移動するため万有引力の計算がずれたのです。そして、万有引力で計算不能だった水星の軌道を、一般相対性理論によって計算したところ、観測結果と計算結果がぴたりと一致。水星の近日点の移動を解決した瞬間でした。

アインシュタインは、従来の物理法則に空間と時間を組み込むことで、最大の功績を残したのです。

一般相対性理論でも解けない物質

一般相対性理論の浸透によって、光が重力によって曲がる原理も簡単に理解できます。

本来、光には質量がなく、重力は作用しません。

しかし、実際には光は重力によって曲がります。

光は空間を直進するしかありませんが、時空は質量によってひずみます。光は、ひずんだ時空に沿ってまっすぐ進むため、曲がって観測されるのです。

完璧であるはずの一般相対性理論も、理論開発から年月が経ち、弱点が判明し始めます。

その原因は、ブラックホールです。

一般相対性理論によってブラックホールを計算しようとしても、ブラックホール中心の重力が無限となるため計算不能となってしまいます。

物理学において、無限とは、要するに「計算不能・わからない」ということを意味しています。一般相対性理論でさえ、ブラックホールのような極限の領域は、計算不能で予測できない場所であることが露呈したのです。

アインシュタイン最大の失敗

現代物理学に多大な功績を残したアインシュタイン。

そんな彼でも大きな間違いを犯していました。その原因は「宇宙定数」です。

アインシュタインが導いた方程式では、宇宙が膨張したり、縮んだり、宇宙サイズが変化してしまいます。しかし、「宇宙は不変で静的なもの」だと考えたアインシュタインは、宇宙が動かないように、方程式に宇宙定数を追加しました。

しかし、のちにアメリカの天文学者エドウィン・ハッブルが宇宙の膨張を発見し、アインシュタインの宇宙定数は間違いであると指摘します。

ちなみに、アインシュタインはハッブルの指摘を受け、反論することなく「生涯最大の過ちだった」と失敗を認めています。

時は流れ、現代、量子力学が発達し、100年以上前に提唱されたアインシュタインの宇宙定数が再び注目されています。

加速膨張する宇宙と、量子力学から考えて、宇宙定数の存在が、「なぜ宇宙は加速膨張しているのか」、そして「加速膨張の原因は何なのか」という、今後注目される宇宙科学発展に大きな役割を果たしそうなのです。

果たして、アインシュタインはどれほど未来の物理学まで考えていたのでしょうか。

光の正体

眩しい朝日で目を覚まし、暖かい日光の下でゆったりくつろぎ、きらびやかな繁華街で友人と会話を楽しむ日常——。私たちは常に光を感じ、光を利用しながら生活しています。

一方、科学的な視点で光を語るなら、その存在は不思議そのものです。

光と人類の歴史

光の原理解明の歴史をたどると、今から2500年前にさかのぼります。

目で見るという原理そのものに疑問を持ち、この疑問を最初に解き明かそうとしたのは哲学者、プラトンなどのギリシャ人です。彼らが考えた目で見る行為、それは目から解き放たれる小さなものが情報を集め認識する、というものでした。

それから1000年ほどの間、この理論は正しいと信じられてきました。

そして西暦1000年ごろ、エジプトのイブン・アル＝ハイサムがこの理論に異を唱えます。

目から出る小さなものが情報を集める原理では、暗闇を説明することができません。目から小さなものを出して情報を集めるのではなく、目が周囲の何かを感じていることで人は見ることができるのだと考えます。

目で感じるものの正体――。それが、光です。

光の正体は粒子？

光は私たちの周りにあふれているように感じます。しかし、よくよく考えてみれば、自ら光を発するものは非常に少ないのです。例えば、地球を照らす太陽、あるいは照明器具くらいしかありません。自ら光を発するもの以外は、光を反射してそれを目で認識しているだけです。

太陽や照明から出ている光の正体は何なのでしょうか。

これほど身近にあり、2500年という長い間研究が続けられながら、光の正体が解明されたのは300年前のことです。

1704年、アイザック・ニュートンは光について長年研究し、『光学』という一つの書物を発表します。ニュートンは書物の中で「光は離散粒子である」と結論づけています。

要するに、光の正体は原子のような小さな粒子だ、と。

光を粒子と考えれば、なぜ光がまっすぐ進むのか、また、なぜ光が反射したり屈折したりするのかを説明できます。

一方、光が粒子だった場合に説明ができない現象も存在します。

例えば、二方向から光がやってきて、途中で交わることです。もし、光が原子のような粒子ならば、光の粒子同士がぶつかって様々な方向に飛んでいくはずです。しかし実際は、二方向から来た光は互いが一切相互作用することなく、まっすぐ進みます。

また、二つの光源同士を近づけたとき、光が互いに干渉する、干渉縞《じま》を観察できます。

物理学において干渉するということは、その正体が波でなくてはいけません。なぜなら、干渉は二つ以上の波が重なるとき、波が増幅したり、減衰したりするためです。

1690年、オランダの物理学者ホイヘンスは自書『光についての論考』の中で、光の波動性を論じ、その後も複数の学者が、光の波動性を実験的、理論的に説明します。

これらの結果から、光は粒子ではなく波であるという考えが広がります。

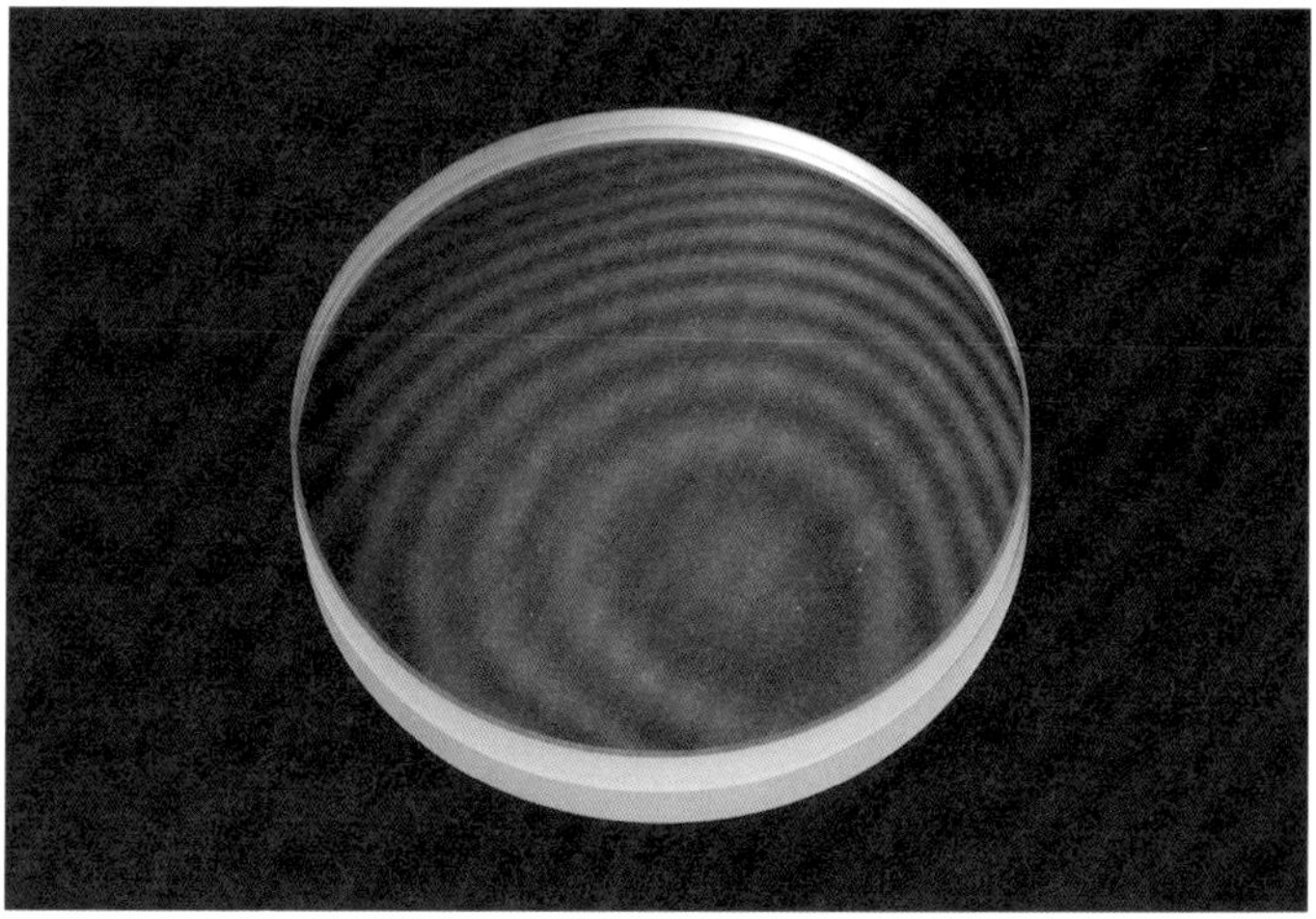

干渉縞
（写真：アフロ）

これが「光の波動説」です。

光の正体は波？

光の波動説は、光を粒子と仮定したときに解決できなかった問題を解決したことから、光は波であるという意見が優勢になります。

このころから、光の正体が次々と明らかになり始めます。私たちが目にしている光の正体は、実は電磁波であることが判明します。そして、電磁波の中でもごく一部、私たちの目が感知できる周波数の電磁波、これがいわゆる光であることがわかったのです。

ガンマ線、X線と聞くと、非常に危険で、特殊な放射線のようなイメージを持ちます。

しかし、ガンマ線、X線を一言で言ってしまえば、それは単なる電磁波です。マイクロ波、赤外線、電波。これらもすべて同じ電磁波であり、その正体は波。波の間隔、周波数の違いで名前をつけて分類しているにすぎません。


太陽を例に見てみましょう。

太陽は放出する全エネルギーの99％をニュートリノ、残りの1％を電磁波として周囲に放射しています。

太陽から出てくる電磁波は、波長が短いものや長いものなど様々であり、あえて名前を挙げるならば、X線や紫外線、可視光線、赤外線です。

太陽からやってくる電磁波のうち、例えば波長が短い紫外線は、物質と相互作用しやすく、地球の大気で拡散され、地表に届く量はごくわずかです。地表に届いたわずかな紫外線は、物質と相互作用しやすい特徴から、皮膚表面に作用し、日焼けを引き起こします。目に到達した紫外線は、目の水晶体と相互作用し、悪影響を引き起こしますが、網膜まではほとんど届きません。つまり、紫外線を見ることはできないということです。

一方、太陽からやってくる電磁波のうち、波長が長い赤外線やマイクロ波は、物質と相互作用しづらく、大気をすり抜け、直接私たちに届きます。赤外線は、皮膚の少し奥まで到達し、熱を発生します。これが「太陽の暖かさ」の正体です。

同様に、目に到達した赤外線は、水晶体はもちろん、電磁波を感知する網膜をすり抜けてしまうため見ることはできません（紫外線は水晶体で吸収され、赤外線は網膜を通り過ぎます）。

そして、紫外線と赤外線のちょうど間の周波数帯の電磁波、これが可視光線です。可視光線は水晶体を通り抜け、網膜に到達し、網膜表面と相互作用します。

可視光線が網膜と相互作用することで、太陽の光を反射した美しい風景や、家族や仲間を認識するのです。

このように、光の正体は波であると考えれば、多くの謎が解決します。

このほかに、１８８０年代、物理学者らが光の波動性を実験的に確認し、光は波であることが確定したと思われました。しかし、ここで大きな問題が発生します。

それが光の「光電効果」です。

光電効果とは、物質に光を照射したとき、電子が飛び出てきたり、電流が流れる現象です。

これまで正しいとされた光の波動説を使って、光電効果を説明してみます。

光を金属に照射すると、波が金属内の電子を激しく揺さぶり、限界を超えたときに電子が飛び出してくるという説明ができます。

もし、これが正しいのなら、光の強度（振幅の大きさ＝光の強さ、明るさ）が高ければ高いほど、飛び出す電子が持つ運動エネルギーが大きくなるはずです。しかし実験の結果、いくら強い光を当てたとしても、飛び出す電子が持つ運動エネルギーは同じでした。要するに光が波であった場合、光電効果の実験結果を説明できないことが判明したのです。

光の正体を解き明かそうと人類が考えた二つの理論（粒子、波）では、光電効果は説明できなかったのです。

光は原子のような粒子でも、波でもないという、研究すればするほど「光の謎」は深まるばかりなのです。

光の正体は、粒子と波だった

１９０５年、アルベルト・アインシュタインは光について新しい考えを発表します。

それは、「光量子仮説」です。光を従来の物理学で考えるのではなく、放射そのものがエネルギー量子から構成されていると考えます。

そして、光の正体は「エネルギーを持つ粒子である」とする光量子仮説を発表しました。この仮説を一言で説明するなら、光は粒子と波の二重性を持つ、あるいは混合状態であるという考え方です。

あまりにも斬新な説でしたが、多くの物理学者たちが検証を進め、光量子仮説発表から11年後にその正しさが証明されます。

ちなみに「光量子仮説」の発表と同じ年にアインシュタインは、特殊相対性理論を発表。さらに、液体や気体中を浮遊する微粒子が不規則に動く原因を、熱運動する媒質の分子の不規則な衝突で説明した「ブラウン運動の理論」も発表。1905年は、「奇跡の年」ともいわれています。アインシュタインの多大な功績が認められ、その後、光量子仮説によってノーベル賞を受賞しています。

前項で紹介した、一般相対性理論は、当時の物理学では検証できないため、ノーベル賞の候補として検討すらできないほど革命的な理論でした。

光の名前は「フォトン」

1926年、光の粒子の名前が決定します。

その名を「フォトン（光子）」とし、わずか1年後の1927年、学会では光子という単語が当たり前のように使われるようになります。そして、同1927年、光は粒子と波の混合状態の量子である、という考え方が一般的に広く受け入れられます。

光の正体が、原子のような粒子なのか、それとも波なのか。200年近く続いた光の解明は、アインシュタインの発表によって急展開し、光の正体は光子であるという結論に至ったのです。

光の正体をまとめてみましょう。

現代物理学において、この世のあらゆる現象のほとんどは、たった二つの理論で説明できるようになりました。

一つが一般相対性理論、もう一つは標準理論です。

一般相対性理論は、従来の電磁気学的現象および力学的現象、そして重力を一つの公式でまとめています。

標準理論は、この世の最小単位をサイズがない「点」とすることに取り決め、素粒子を理論的に計算できることを可能にしました。光の正体は標準理論で説明されます。

標準理論の素粒子は大きく2種類があります。一つは物質を構成する粒子、もう一つが

素粒子とその階層構造

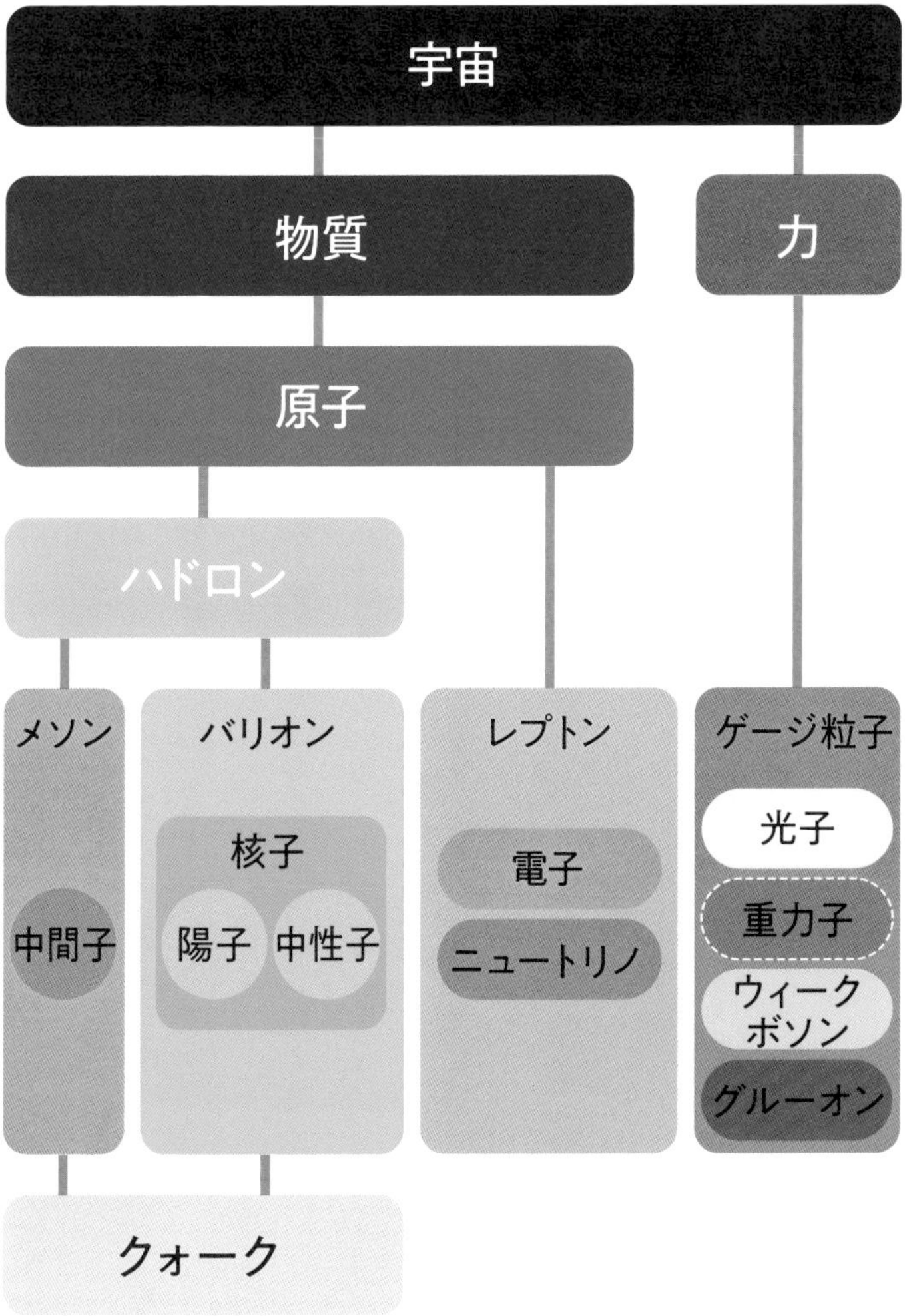
宇宙
物質
力
原子
ハドロン
メソン
中間子
バリオン
核子
陽子
中性子
レプトン
電子
ニュートリノ
ゲージ粒子
光子
重力子
ウィーク
ボソン
グルーオン
クォーク

素粒子間の力を媒介したり、質量を与える粒子です。

光は素粒子の一つ、光子であり、力を媒介する「ゲージ粒子」に分類できます。媒介する力の種類は電磁相互作用であり、そんな光子が、私たちの世界を明るく照らしているのです。

見えるものだけを信じる人が少なからず存在します。

見えるものが事実であり、見えないものは事実ではないとするのです。

光の正体を追い求めていた人類が、光の正体を解き明かすのにかかった時間は２００年。

長い歴史の中で、多くの専門家が誤った理論で光を解き明かそうとしてきました。

見えないものを見るためには多大な労力と時間が必要です。

これは科学に限らず、私たちの日常でも同様です。

見えない未来に興味を持ち、将来の姿を想像し、実現に向けて努力を続けることが、輝く未来の自分の正体を解き明かしてくれるでしょう。

宇宙の最小単位「ニュートリノ」

ニュートリノは、ほかの物質とほとんど相互作用しない不思議な素粒子です。宇宙に大量に存在するにもかかわらず、検出が難しい。一方で、今後の宇宙科学発展に大きく関連し、今後ますます注目されていく存在でもあります。

「宇宙の最小単位」発見の歴史

ミクロな領域の研究が進み、原子について理解が深まる1800年代後半ごろ、宇宙の最小単位は原子でした。原子は100種類以上存在し、配合バランスによって、この世のすべてが作られているとされていました。

水素原子が2つ結びつくと「水素」に、水素原子が2つと酸素原子が1つ結びつくと

「水」になります。これらを「分子」といいます。

それから時が経ち1900年代に入ると、世界中の物理学者たちは、本当に原子がこの宇宙で最も小さい物質なのか疑問を持つようになります。

「原子は本当にそれ以上分解できないのか」

研究者たちによって、原子は、「原子核」とその周りを回る「電子」で構成されていることがわかりました。原子核はさらに、陽子と中性子という小さな粒子で構成されています。

研究者たちはさらに疑問を持ちます。「陽子や中性子が、この宇宙の最小単位なのか」と。

そこで、陽子や中性子の中身を調べるために、陽子や中性子同士を衝突させて破壊し、中から出てきた粒子を調べる実験を行います。すると予想通り、さらに小さな粒子の観測に成功します。

これが「素粒子」です。

素粒子は、それ以上分割することも破壊することもできません。つまり、現在考えられている宇宙の最小単位となるのです。

素粒子は大きく2種類に分類できます。

一つが物質を構成する素粒子。名前が「クォーク」と「レプトン（電子とニュートリノの総称）」です。

もう一つが素粒子同士の力を媒介したり、素粒子に質量を与える素粒子。「ゲージ粒子」と「ヒッグス粒子」です。

例えば、水素。水素分子を拡大していくと、2つの水素原子がくっついています。さらに拡大すると水素原子は、電子と陽子からできています。陽子の中身を見てみると、陽子の中にはさらに小さな3つの粒子「クォーク」と、クォーク同士を結びつける別の種類の小さな粒子、「グルーオン」も3つ入っていることが判明しました。

このように、宇宙をどんどん拡大してミクロな領域を見ていくと、小さな素粒子が相互作用し、様々な物質を構成していることが判明しました。

ニュートリノを知るための「α崩壊」と「β崩壊」

では、冒頭に紹介したニュートリノとはいったい何なのでしょうか。

ニュートリノ発見には「α崩壊」と「β崩壊」が深く関係しています。名前は難しそうですが、理解は簡単です。

α崩壊とβ崩壊

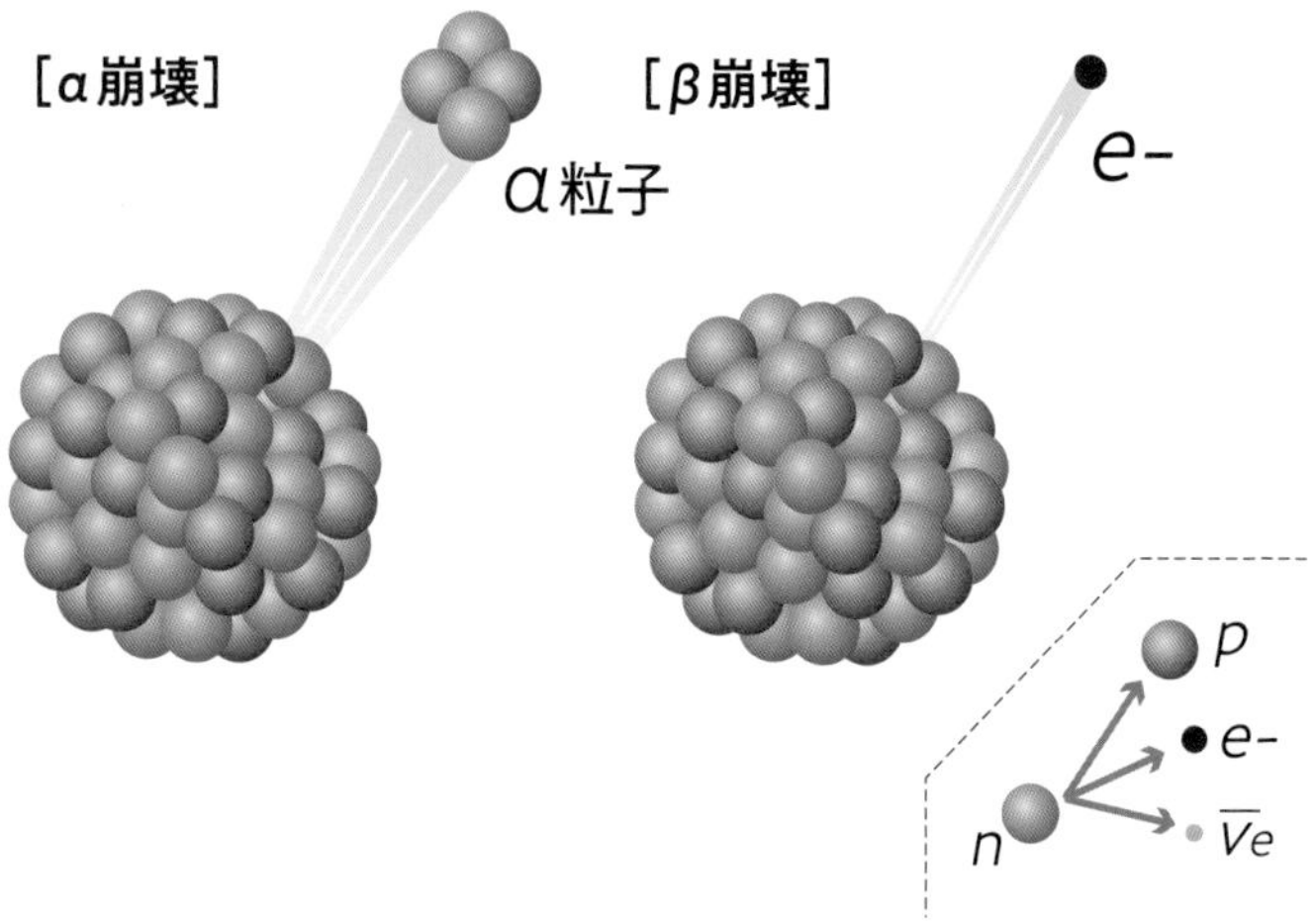

ウランなど一部の不安定な原子は、より安定な原子へ変化（ウラン238はα粒子を放出し、トリウムへと変化）しようとします。

安定した原子に変化するために、余分な陽子2つ、中性子2つがくっついた粒子を勢いよく放出します。

この粒子がα粒子であり、α粒子が高速で移動しているものが放射線の一つ、α線です。

要するに、不安定な大きな原子は、小さなα粒子を放出し安定します。この現象は、大きな1つの粒子を2つに分割しているので、出てきた2つの粒子の重さを足し合わせると、分割前の1つの大きな粒子と同じ重さになるはずです。しかし、出てきた2つの粒子の重さを足しても、元の大きな粒子の重さより小さくなります。なぜでしょうか。

大きな原子から出てくる小さな粒子、α粒子は、超高速で移動する運動エネルギーを持っています。アインシュタインの特殊相対性理論によって、質量とエネルギーは等価であることがすでに証明されています。

つまり、質量はエネルギーなのです。α粒子の質量、そしてα粒子を放出し終えた大きな原子の質量、そして、α粒子が持つエネルギーを質量換算して合計すると、元の大きく不安定な粒子と同じ重さになります。

では、β崩壊はどうでしょうか。

中性子が陽子に変化するとき、電子が放出されます。この電子をβ線といいます。先ほどと同様に、中性子が陽子と電子に崩壊するなら、陽子と電子のエネルギーを合計すると、中性子の質量と同じになるはずです。

しかし、いくら精密に測定し、陽子と電子のエネルギーを足し合わせたとしても、中性子が持つエネルギーよりも小さくなってしまいます。この謎の質量減少が、物理学に混乱を引き起こします。果たして、質量はどこに消えてしまったのでしょうか。

研究者たちは、消えた質量の正体は「未発見の粒子である」という仮説を発表。そして、様々な実験を行い、中性子が崩壊する際に、陽子と電子、そして別の粒子、ニュートリノが放出されることを発見します。

つまり、β崩壊で消えてしまう質量の正体、それがニュートリノというわけです。

ニュートリノは宇宙科学にどう貢献するか

ニュートリノは、クォークと同じく、物質を構成する素粒子の一つです。

ニュートリノは素粒子の中でも最軽量です。電子の数百万分の1ほどの重さしかありません。

ほかの素粒子と異なり、磁場の影響を全く受けず、あらゆる物質を透過できます。

そんなニュートリノが今後の宇宙科学発展に大きな役割を果たします。その一つが超新星爆発の観測です。

夜空に光り輝く恒星は、水素が集まって丸くなり、熱く燃えています。星の中心では水素同士が融合し、莫大なエネルギーを生み出しています。

長く安定して輝く恒星も、寿命は永遠ではありません。特に大質量の星では燃料が減り燃え尽きると、星は一気につぶれ、中心で跳ね返り、強烈な爆発を発生させます。

この現象が「スーパーノヴァ（別名、超新星爆発）」です。

現在私たちが理論上観測可能な宇宙を見れば、1秒で1回ほどの超新星爆発が発生しているといわれています。

これほど頻発していますが、人類はいまだ超新星爆発の瞬間を見たことがありません。超高性能な望遠鏡など、最先端の観測技術を使っても、です。観測できるのは、すでに爆発の衝撃で物質が散らばる残骸の様子だけ。

なぜ超新星爆発の瞬間を観測することができないのでしょうか。

夜空を見上げ、最新の望遠鏡で観測可能な星の数は3000億個ともいわれています。3000億個はあまりにも多く、例えば、空に手を伸ばし、人差し指に隠れる範囲にある星、これだけでも数億。一晩で何十、何百の星が爆発していたとしても、その瞬間に爆発している星を観測するのは難しいのです。

もっとわかりやすく例えるなら、ガソリンを運ぶ巨大なタンクローリー3台に入った砂を、すべて地面に放出し、その砂の中に、いつ点灯するかわからないLEDを1個だけ混ぜておきます。その状況の中で、光るLEDの一部始終をしっかりと観察するようなものです。

では、どうすれば超新星爆発の瞬間をとらえることができるのでしょうか。

一つのアイデアは、超新星爆発が発生する直前の星を発見し、観察し続けることです。手がかりは、星の膨張です。星は爆発する直前、数十倍〜数百倍サイズに肥大化します。無数にある星の中から、異常に膨張する星を発見し、その星を観察し続ければ爆発の瞬間を見ることができます。

しかし、宇宙規模で語る超新星爆発の「直前」とは、数千年から数万年です。つまり人類にとって、現実的なアイデアではありません。

もう一つアイデアが浮かびます。

爆発の瞬間に放出される「何か」を事前に察知できれば、その方向に望遠鏡を向けることで超新星爆発を観測できるはずです。

私たちが宇宙を観察するときに利用するのが電磁波です。

可視光線やX線、ガンマ線で宇宙を見ています。

よって、可視光線やX線、ガンマ線などの電磁波よりも速く地球に到達する何かを検知して、その方向に望遠鏡を向ければいいのです。

しかし、私たちの宇宙で光の速度を超えるものは存在しません。よって、超新星爆発を事前に察知することは不可能だということになります。

質量を持つのに、なぜ光より速いのか

ところが、爆発の瞬間に光よりも速く地球に届く粒子が存在します。それがニュートリノです。

宇宙最速の光よりも速く動くものはないはずなのに、なぜニュートリノが先に地球に到達するのでしょうか。

ニュートリノは極限に軽い粒子ですが、それでも質量はあります。よって本来は、光や電磁波の速度を超えることはありません。しかしそれでも地球に早く到達します。

ニュートリノが持つ最大の特徴は、ほかの物質とほとんど相互作用しないという点です。

改めて、超新星爆発について見てみましょう。星がコアに向け一気につぶれ、コアで跳ね返った衝撃波で星を吹き飛ばします。このとき、爆発エネルギーの1%を電磁波として、残りの99%をニュートリノとして同時に放出します。

超新星爆発は、爆発といっても、規模が恒星サイズとあまりにも大きいため、マクロに見ればゆっくり時間をかけて反応します。

それがどれくらいの時間かというと、星の中心で発生した電磁波が星の外にエネルギーとして放出されるまでに数時間から数日が必要です。電磁波が星の物質と相互作用するため、放出まで時間がかかるのです。

一方、ニュートリノはほかの物質とほとんど相互作用しません。光が様々な物質と相互作用している間に、ニュートリノは物質に邪魔されることなく即座に星の外側に放出されるのです。

つまり、超新星爆発は、大量のニュートリノが放出された数時間から数日後に、ようやく強烈な可視光線やX線、ガンマ線が放出されるのです。

超新星爆発を望遠鏡で観察するには、地球にやってくる大量のニュートリノを観測し、放出される場所を特定すれば、数時間から数日後に起こる、超新星爆発の瞬間を観測できるというわけです。

観測するためのカギは「水」

ここまで判明すれば、超新星爆発の瞬間は簡単に観測できそうですが、まだ残された大きな問題が存在します。

それはニュートリノの観測方法です。

私たちが物を観察するとき、電磁波を使います。電磁波が物に触れ、反射した電磁波を観測することで観察が成り立ちます。

一方、ニュートリノはほかの物質とほとんど相互作用しないため、電磁波ですら触れることができません。つまり観測はあまりにも難しいのです。

そこで、純度の高い水を使います。

ほかの物質とほとんど相互作用しないニュートリノですが、全く相互作用しないわけではありません。まれに水分子と衝突し、電荷を帯びた粒子を発生させます。

電荷を帯びた粒子は光を発生させ、この光を観察することでニュートリノの観測を可能にします。

ニュートリノの観測で有名なのが、東京大学宇宙線研究所が運用する「スーパーカミオカンデ」です。直径40m、深さ40mの巨大なプールを純水で満たし、ニュートリノが水分子と衝突するのを根気強く待っています。

また、世界最大のニュートリノ観測所は、南極に設置された「アイスキューブ・ニュートリノ観測所」です。南極では長い間、雪が降り積もり、圧縮されて氷になります。こ

スーパーカミオカンデ
（写真：森田廣美／アフロ）

の氷は世界で最も純度が高い、純粋なH_2Oの塊です。

1㎞×1㎞×1㎞サイズと同じ体積を持つ氷にセンサーを埋め込み、特に超高エネルギーのニュートリノが水と相互作用するときに発生させるわずかな光を観測し続けています。

これほど巨大な氷にもかかわらず、ほぼすべてのニュートリノはほとんど相互作用せず、すり抜けてしまいます。1年間観察し続けて、目的とするニュートリノが1つの水分子に衝突する回数は10回ほど。あまりにもレアな現象であるため、衝突を起こしたニュートリノには一つひとつにニックネームがつけられているほどです。

現在、アイスキューブ観測所を筆頭に、世界中にニュートリノ観測装置が設置されており、検出の情報をリアルタイムで共有しています。

高エネルギーのニュートリノを検出した場合、即座にその方角を算出し、世界中の観測装置が超新星爆発の様子をとらえるために、一斉にその方角を狙うことになります。

すでに超新星爆発の瞬間をとらえる試みは始まっており、近い将来、私たちは、宇宙最大の爆発の瞬間を見ることができるかもしれません。

宇宙の謎を解明するために、私たちは夜空を見上げ、星の位置を観察してきました。

高性能なレンズの開発によって、可視光線を拡大することで、遠くの宇宙を観察する技術を手に入れます。

X線天文学の発達によって、可視光線よりもエネルギーが高い、X線やガンマ線を見ることも可能になり、あらゆる電磁波を利用し、人類は宇宙を観察しています。

そして現在、私たちは、電磁波以外の、ニュートリノや別の素粒子、そして重力波すら、宇宙の観察に利用し始めています。

宇宙を見てみたいという単純な好奇心が新たな理論や発見を生み出し、積み重なる技術革新や新たな考え方が、私たちの生活をより良くしています。

第 4 章

地球と人類

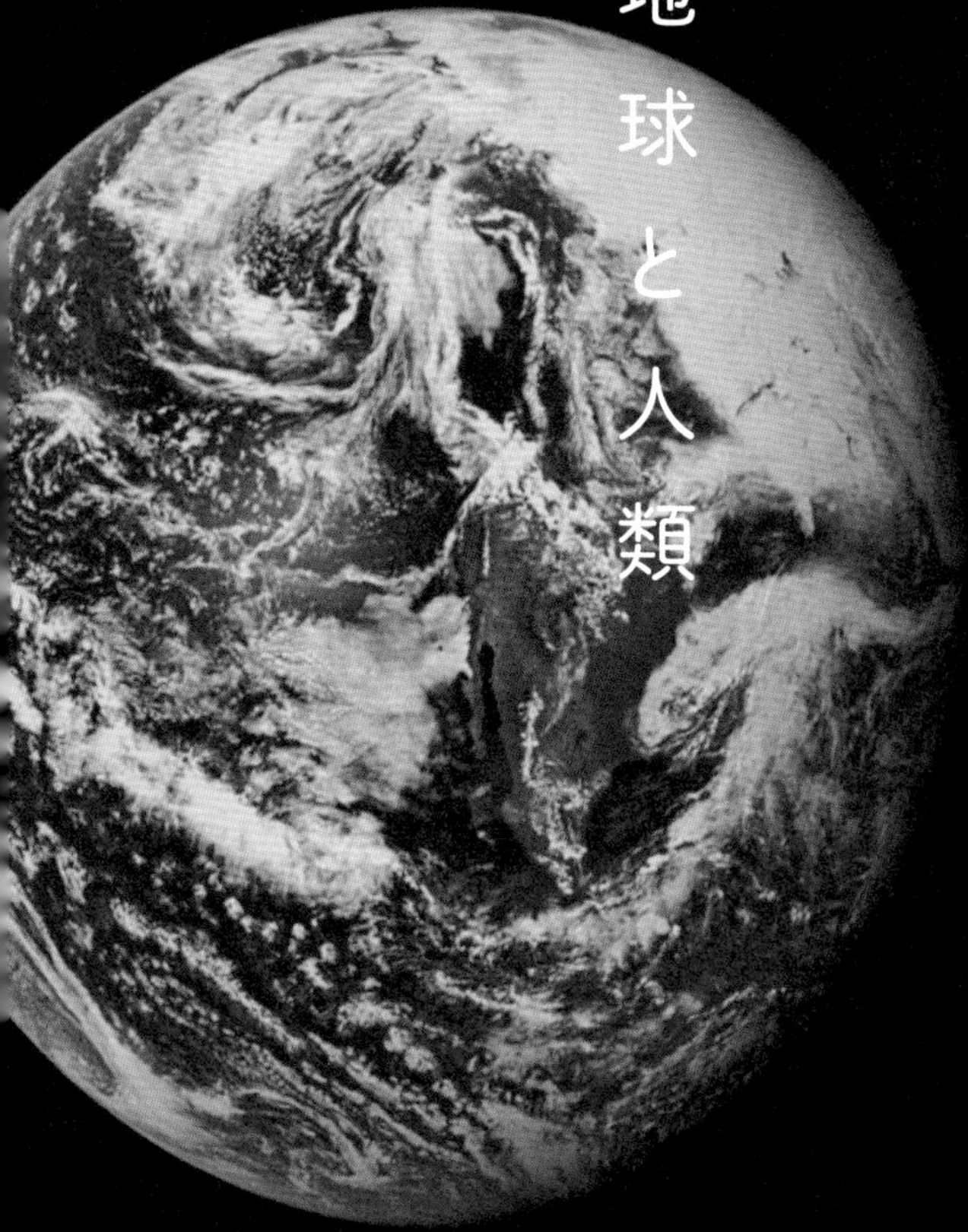

地球誕生

「水の惑星」といわれる地球。豊富な水と大気が存在し、有害な放射線を防ぐ磁力のバリアで守られた、宇宙に存在する〝私たちの家〟です。

太陽系にあるほかの惑星と比べても、唯一無二の特徴を持つこの惑星はどのように誕生したのでしょうか。

最初は「雲」

46億年前、分子雲からそのドラマは始まります。

分子雲は内部から広がろうとするガス圧と、収縮しようとする重力が釣り合い、雲として安定します。

この安定は永遠ではありません。近くで超新星爆発が発生したり、高速粒子がぶつかるとその安定性が失われます。分子雲が揺れ動き、ガス圧が収縮しようとする力を支えきれなくなると、分子雲の収縮が始まります。分子雲の収縮が始まると、中心部にコアができ、温度は次第に上昇していきます。

通常、分子雲のコアは加熱されても放射によって次第に冷えていきます。しかし、分子の密度が濃い場合、電磁波が宇宙空間に放出されず、コアの温度はどんどん上昇していきます。

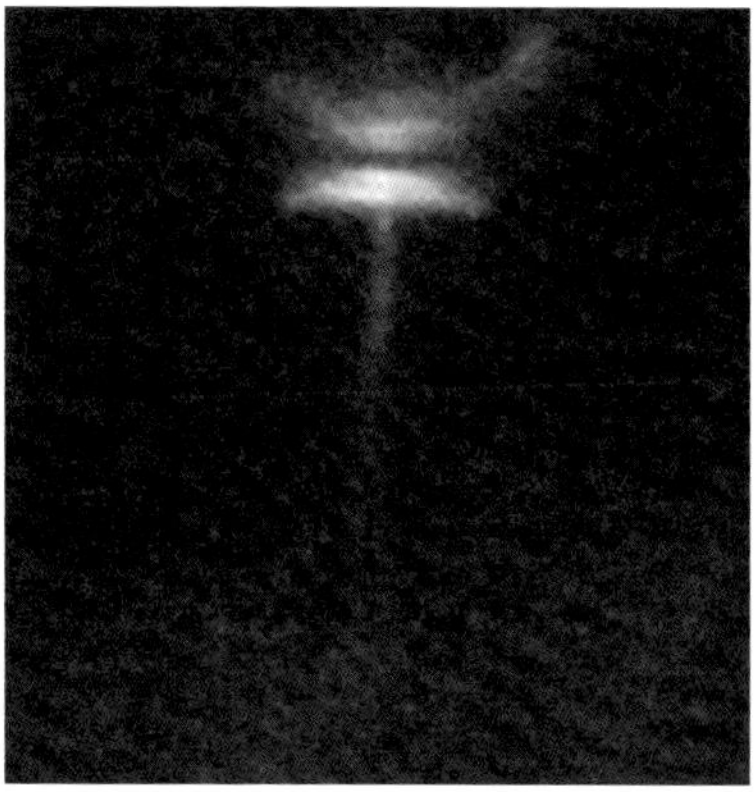
ハービックハロー天体（おうし座）

コアが大きくなるほど、コアの重力は強くなり、周囲の分子はコアにどんどん落下していきます。コアの温度が上がり、エネルギーが高くなると、今度はコアから外側に反発するエネルギーが強くなり、収縮と釣り合い、原始星が誕生します。すると、物質が落下するエネルギーが原始星を中心に回転するエネルギーへと変わり、円盤状に回転を始めます。

そして、原始星から二方向に向けてイオンのジェットが放出されます。

これが「ハービックハロー天体」であり、原始星の周りにできた円盤が星周円盤です。

「星周円盤」の様子

この段階でいよいよ地球の形成がスタートします。

星周円盤には水を含む様々な粒子が漂っています。太陽に近い粒子は温度が高くなり、液体は蒸発し、逆に太陽から遠い粒子は液体が凍ったままになっています。

水やアンモニア、メタンが固体で存在するか、気体で存在するかは温度に依存します。太陽系での境界線は約－１２０℃です。この境界線のことを「フロストライン」または「スノーライン」といいます。

フロストライン内側の粒子は、水やアンモニア、メタンが蒸発し、中心から外に向かうエネルギーによって吹き飛ばされます。

フロストライン外側の粒子は水やアンモニア、メタンを含んだままの粒子となります。

フロストラインはちょうど火星と木星の間にあり、地球型惑星と巨大惑星を分ける境界となっています。

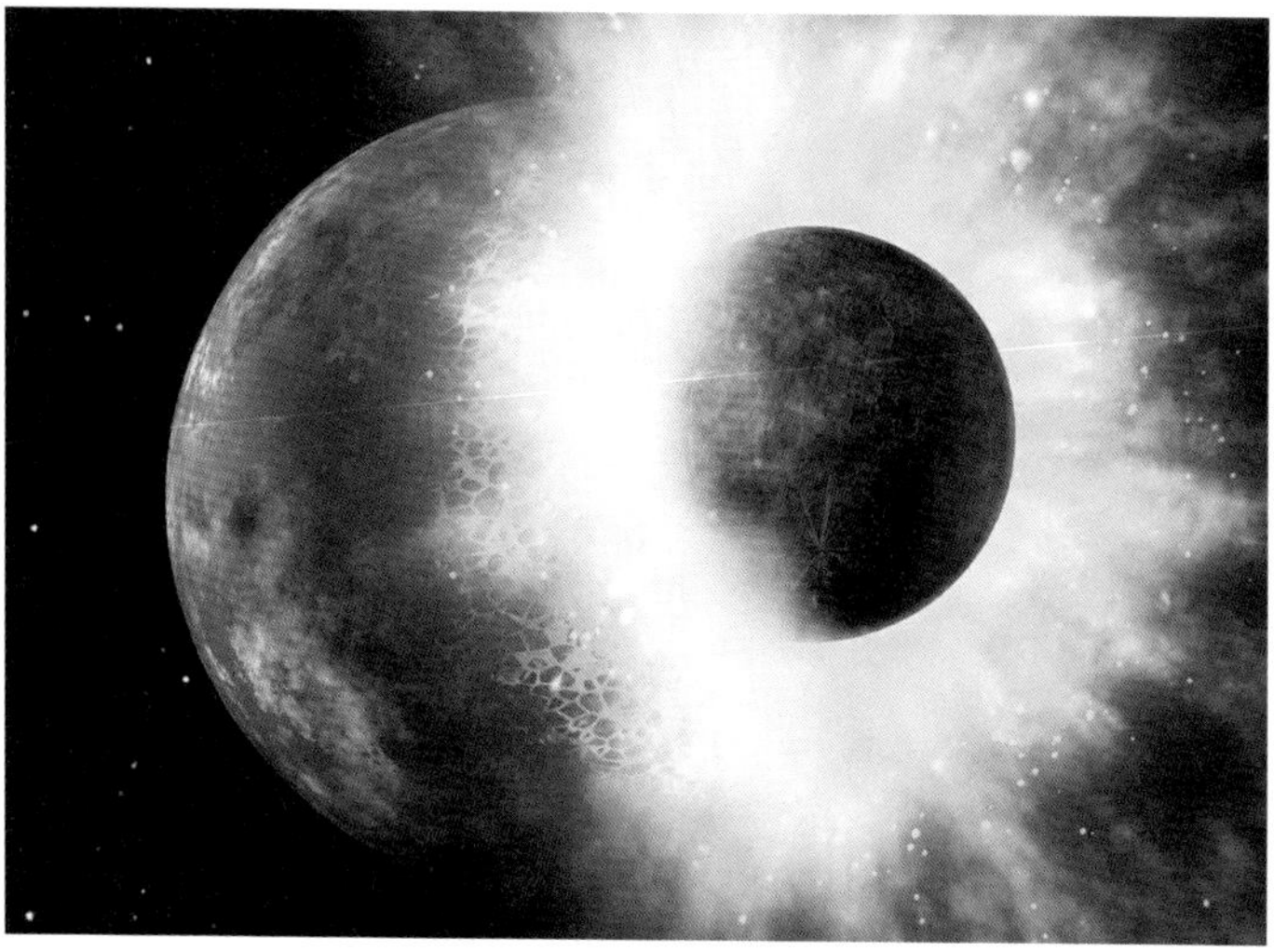

45億5000万年前に地球と火星サイズの惑星が衝突した

月の誕生

星周円盤の内側、小さな岩石が漂うエリアでは、岩石同士が衝突し、次第に大きな塊へと変化していきます。

中心の太陽が核融合を始めるころ、火星軌道よりも内側の領域には、月と同じくらいの小さな原始惑星が50個から100個ほど生成されます。そして、これら小さな惑星同士もまた、互いが衝突し、現在のような巨大な惑星が形成されました。

原始の地球が形成された当時、地球に月はまだ存在していません。地球の軌道上にはもう一つ火星サイズの惑星が公転し、次第に地球に接近、今から45億

5000万年前に地球と衝突します。斜めに衝突した火星サイズの惑星は粉々に砕け散り、地球も表面がえぐられ加熱されます。この衝突によって生じた破片などから月が形成され、現在のような地球とその周りを周回する月の姿となりました。

宇宙からもたらされた水

地球誕生間もなく、地球表面が真っ赤に焼けていたころ、地球の大気は太陽とほぼ同じ、水素とヘリウムでできていました。しかし、強烈な太陽風が大気のほぼすべてを吹き飛ばし、宇宙空間へ放出。地球上の大気は一時的にほとんど存在しなくなります。

表面の温度が冷えていき、地殻ができ、火山活動を開始、大量の二酸化炭素が放出されます。

また、フロストラインよりも外側の小惑星がいくつも地球に衝突し、大量の水を地球に供給します。地球がさらに冷えていくと、大気中の水蒸気が雲を作り、雨が降ります。雨が海を作り、海や岩石が二酸化炭素を吸収し、大気圧が急速に低下します。

大量の水蒸気によって作られた海は、重金属が溶け込む酸性です。これは有毒で、生命が誕生できる環境ではありませんでした。

その海の水を浄化したのが、「プレートテクトニクス」です。

地球内部のマントルは対流し、一部がプレートに裂け目を作ります。すると、プレートが押し出され、押し出された分のプレートが別の場所で沈降していきます。海に含まれる重金属や、陸から流れ込み海の酸性を中和する、二酸化炭素を吸収した岩石は、海の底に溜まり、プレートの沈降とともに地球の内部に閉じ込められます。

こうして、生命が誕生できる環境の海が作られていきました。

いまだ謎多き「生命誕生」

生命誕生は現在でも謎に包まれています。

生命起源の説を挙げればきりがなく、たくさんある候補のすべてが的外れである可能性もあります。

例えば、20世紀には、炭素原子と無機触媒の作用によって、生物を構成する分子を作ることが実証されています。生命を構成する分子は非常に複雑な構造ですが、特定の条件下では単純な分子から複雑な分子を実験的に作り出すことに成功しているのです。

そして、実験環境と似た環境は地球上にいくつも存在します。

火山の温泉や深海の熱水噴出孔は、化学的な反応を促し、複雑な分子を形成します。また、火山灰による、ポリペプチドと核酸の両者が起因する説もあります。

そもそも地球の表面で生命が誕生したのではなく、地下深くで生命が生まれ、地表に出てきたと考える科学者もいれば、ウランなどの放射性元素がきっかけとなり生命が誕生したと唱える研究者も存在します。

ほかにも常識を覆《くつがえ》す、「パンスペルミア説」もあります。そもそも生命は地球で誕生したのではなく、宇宙中に微生物の芽胞が広がっているというものです。宇宙のあらゆる天体に微生物の芽胞が降り注ぎ、地球はたまたま芽胞が育つのに適した環境だったという説です。

パンスペルミア説は発表当初、まったく注目されませんでした。しかし、2000年代になり世界中の科学者が興味を示し、様々な方面で研究されています。

実際に日本も、風に運ばれるタンポポの種になぞらえ、「タンポポ計画」を立案。2015年5月に、国際宇宙ステーション、きぼう実験棟に設置された船外実験プラットフォームにて、宇宙空間に存在する微粒子（岩石）などを採取し、微生物の検出に取り組んでいます。

地球の変化と、生命の進化

現在、地球生命誕生は熱水噴出孔が起源であることが一つの有力な説になっています。熱水噴出孔で誕生した生命は、熱から生まれるエネルギーを利用し、誕生した場所周辺でしか生きることができませんでした。しかし、突然変異によって太陽光を利用する生命へと進化します。これによって、生命の生息域は太陽光が届く海全域へと広がりつつありました。

生命の進化は遺伝子によって決定し、遺伝子は環境変化によって大きく構造を変えます。

生命が誕生し現在に至るまで、このサイクルを何度も経ています。

例えば一つの説ですが、今から22億年ほど前、天の川銀河と小さな銀河の衝突が発生します。この衝突で大量の巨大な星が一度に生まれ、巨大で寿命が短い恒星は超新星爆発を発生させます。

超新星爆発で発生した強烈な電磁波が地球に降り注ぎ、大気を変化させて雲を作り、地球全体が凍ります。これによって、ほとんどすべての生命が絶滅しました。

しかし、生命の強さは想像以上です。分厚い氷で覆われた海の下では生き残った生命が次の進化の準備を始めていたのです。地球が再び温かくなると、生き残った生命が進化を始め、再び地球は生命に溢れます。

生命の進化は地球環境が劇的に変化するときに発生します。

プレートによって大陸の形は絶えず変化し、大陸から大量の栄養が海に流れ込むようになります。それまで（約5・5億年前）は身体が柔らかな生命しか存在しなかった海に、カルシウムが増えます。すると、貝や表面に固い骨格を持つ生命が誕生し、現在でも見られる多種多様な生命が徐々に生まれるようになりました。

このように、生命の進化は、外部環境が大きく影響していることがわかります。

脊椎を持つ魚が生まれ、それらが進化して陸に上がると、陸は昆虫や爬虫類で満たされます。

上陸した生命は進化を続け、今から2億2500万年前、恐竜の時代が到来します。

恐竜が絶滅したのは今から6500万年前。恐竜の時代は約1億6000万年続いたとされています。人類誕生から現在まで、約300万～400万年。人類とは比較にならないほど長い年月、恐竜は地球を支配していたのです。

天の川銀河には、環境が地球とほとんど同じ惑星が3億個以上あります。

想像してみましょう。1000円札を1円に両替すると1円玉が1000枚。

1万円札を1円玉に両替すると1万枚。

これでも十分多いですが、この袋が3万個。

1万枚の一円玉が入った袋、3万個分の数の、地球とほぼ同じ環境の惑星が天の川銀河に存在していると考えられています。

こう考えると地球以外に生命が存在していないことの方が不思議です。地球からちょっと飛び出す技術を手に入れた私たちにとって、天の川銀河はまだまだ広大です。しかし、技術の進歩は指数関数的に発達し、地球が狭くなったのと同様、太陽系が身近な存在になりつつあります。人類が地球外生命体の痕跡を見つける未来はそれほど遠くないかもしれません。

人類誕生

快適なベッドで目を覚まし、電車に乗って職場へ通勤。夜は家で家族と食事をしたり、牛丼大盛の一人飯をひそかに楽しむ。行こうと思えば地球の裏側でさえ飛行機で移動でき、宇宙に飛び出そうとする現代の人類――。

一方で、科学や技術が急速に発達したのは約50年前と最近であり、人類はその歴史のほとんどを、狩りをしたり、小さな村で農耕・牧畜によって暮らしていました。そんな人類はどのような起源を持ち、進化を続けてきたのでしょうか。

生命は「誰が」作ったか

今から36〜38億年前、地球に生命が誕生します。

生命の姿は今とは大きく異なり、単細胞生物や細菌など小さな存在でした。

考えられている生命誕生説はいくつも存在します。

化学的に生命を構成する物質が作られたという説から、神が生命を作ったという説まで様々。

例えば1953年、シカゴ大学のハロルド・ユーリーの実験室に所属していた、スタンリー・ミラーは、当時考えられていた原子の地球の大気組成をガラスチューブに入れ、水蒸気を循環させます。そして、水蒸気と大気が混合している部分で放電、要するに、当時の地球で発生していた雷を再現すると、アミノ酸が生成することがわかりました。

アミノ酸は生命誕生に必須の物質であり、生命誕生の謎を具体的に示した最も有名な実験の一つだったわけです。単純な構造を持つ分子から、複雑な構造を持つアミノ酸を作り出したこの実験は、生命誕生の考え方に大きな影響を与えました。

しかし、その後の研究で、原始の地球大気を構成する成分が想定と異なっていたため、この考え方は否定されました。

このように、生命誕生に関する実験は、きわめて限定的な条件を基に行われており、たとえ実験が成功したとしても、前提条件が変わってしまうと、生命誕生を説明できなくなります。

様々な可能性を考えてきた人類――。しかし結局のところ、現状、生命誕生のほとんどは謎に包まれたままです。

もちろん、判明していることもあります。それは、初期の生命はシンプルだったということです。生命は、進化の過程でより複雑になっていき、逆に、過去をさかのぼっていくと、細菌や単細胞など、より単純な姿となっていきます。

では単純な生命から、より複雑な人類は、果たしていつごろ誕生したのでしょうか。

目に見えない細胞がどう進化したか

36〜38億年前に誕生した単純な生物は進化を続け、私たちの祖先である、動物にまで進化します。

生命とはいえ、誕生から約30億年間は、人間の肉眼では見えない小さな細胞でしかありません。つまり当時の景色は、一見すると海と岩石しか存在しない状態です。

そして今から6億年前、初めて動物が誕生します。小さなクラゲのような動物は、次第に魚のような複雑な姿へ進化し、その後、陸に適応した生命は、昆虫や爬虫類へと進化します。

生命の進化（哺乳類）

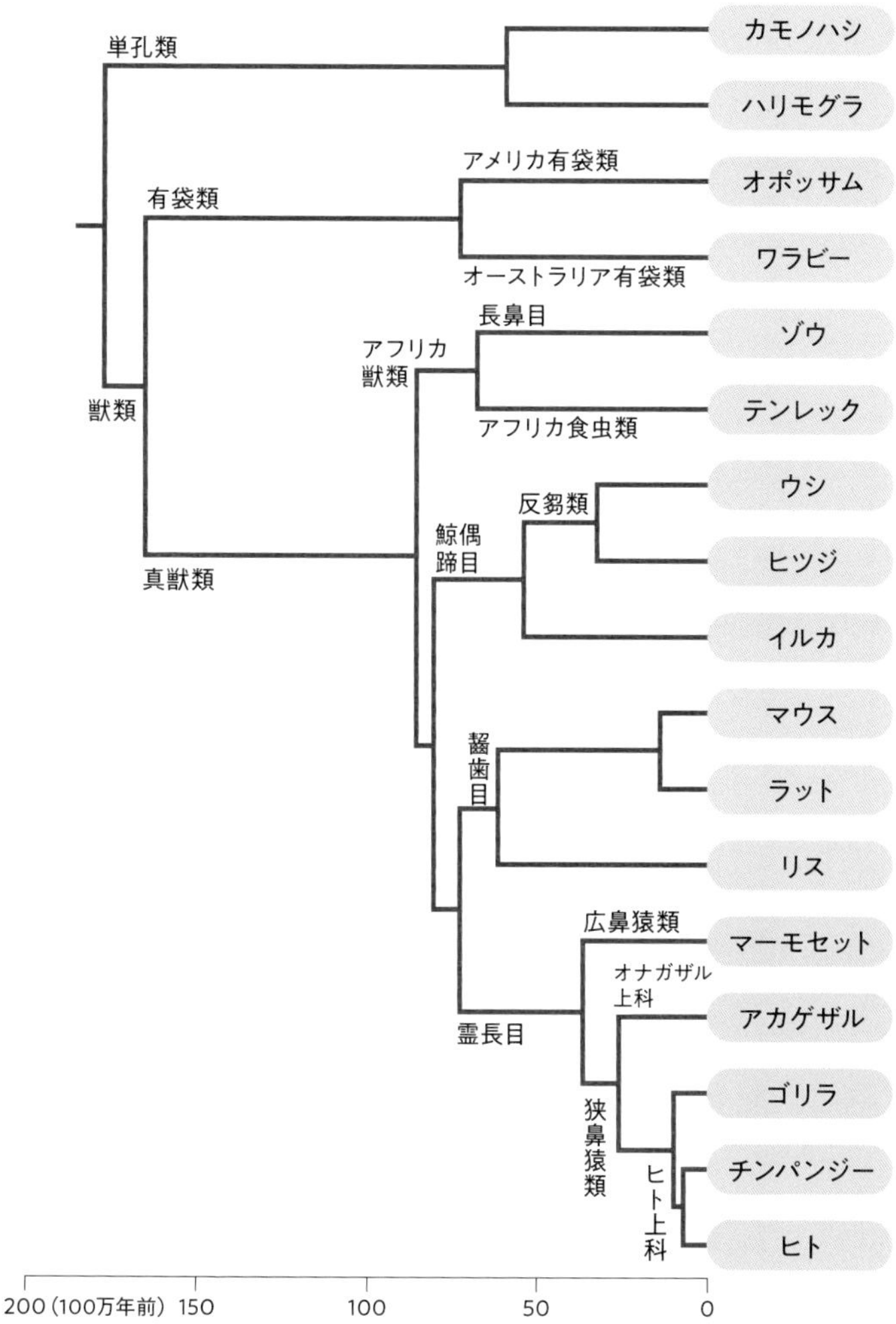
単孔類
カモノハシ
ハリモグラ
有袋類
アメリカ有袋類
オポッサム
オーストラリア有袋類
ワラビー
獣類
真獣類
アフリカ獣類
長鼻目
ゾウ
アフリカ食虫類
テンレック
鯨偶蹄目
反芻類
ウシ
ヒツジ
イルカ
齧歯目
マウス
ラット
リス
霊長目
広鼻猿類
マーモセット
狭鼻猿類
オナガザル上科
アカゲザル
ヒト上科
ゴリラ
チンパンジー
ヒト
200（100万年前）150
100
50
0

そして、今から2億年ほど前、哺乳類が生まれます。

では恐竜の時代はどうでしょうか。

生命が恐竜として生きてきた時間はとても長く、恐竜誕生が2億2500万年前。そして隕石衝突で絶滅したのが6500万年前。じつに約1億6000万年という長い間、生命の頂点に君臨し地球を支配していました。やがて、直径10㎞ほどの隕石が地球に衝突します。衝突の衝撃で熱と火災が発生し、さらに、巻き上げられたチリが太陽光を遮断し地球の気温が低下、恐竜が絶滅します。

恐竜が絶滅したことによって、哺乳類の時代が到来します。

ネズミのような姿から、手足が発達した動物へと進化し、やがて霊長類へと変化を続けます。

それまで左右についていた目は顔の正面に移動し、物を立体的に識別できるようになります。爪をひっかけて木に登る代わりに、5本の指で掴まるための手を進化させ、樹上で自由に生活を始めます。

ヒトとチンパンジーとの分かれ道

今から700万年前、人類にとって大きな分岐点が訪れます。ヒト亜族とチンパンジー亜族の分岐です。これが人類にとって最も直近の生命進化の分岐点になります。実際に、ヒトとチンパンジーのDNAは98・4%が同一で、同じ種類から分岐したことがわかります。

そして250万年前、ヒト属最初の人類が生まれます。チンパンジーから分岐した人類は、その後の進化の過程で様々な種類に分かれていきます。

今から200万年前、人類は世界中に広がっていきました。旧石器時代に生きるヒトは、火を発見し、急速に進化していきます。これまで木の実や生肉を食べていた人類は、火を使うことで摂取できる栄養素も増え、脳が急速に発達し始めます。

そして、今から30万年前には狩猟生活を行い、文化が生まれ、簡単な言葉でコミュニケーションをとるようになります。

このころ存在していた人類の種類は6種類。ホモ・ハビリス、ホモ・エルガステル、ホモ・エレクトゥス、ホモ・ハイデルベルゲンシス、ホモ・ネアンデルタールレンシス、ホモ・サピエンスです。この6種類の中で、私たちの祖先はホモ・サピエンス。ヒトに分類される人類です。理由は不明ですが、6種類いた人類のうち、ヒト以外の人類は絶滅してしまいます。

5万年前ごろに獲得した「能力」

人類がヒトとして最も変化したのが今から5万年前。

変化の前、ヒトは石器を利用したり、火を利用したり、徐々に進化を続けてきました。しかし、進化のスピードは非常に遅く、遺伝子的な進化をしていたにすぎません。

しかし、5万年前を境に、ヒトは罠《わな》を利用して狩猟をしたり、衣類を作り、死者を埋葬し、洞窟壁画を描き始めます。

獲得した能力をまとめると、

- 抽象思考（具体的な例に依存しない概念）
- 計画（さらなるゴールを目指すためのステップを考える）
- 発想力（新たな解決法を見つける）
- 記号的な行動（儀式や偶像）

などです。その急速な進化の要因が言語の発達です。

言語の発達は、ほかの動物とヒトとの決定的な違いを生み出します。その違いの正体が「協力」と「情報伝達」です。人類以外の動物、例えばライオン、ミツバチ、アリなどは集団で生活し、お互いに協力して生きています。

協力という能力を発揮する動物はいますが、言語による協力ではなく、遺伝的、またはそれ以外の情報によって協力が成り立っています。

一方、ヒトは言語を使って互いがコミュニケーションして協力し、自分よりも巨大で強い獲物を捕まえることができるようになります。

ヒトの進化がこのころを境に急速に進んだ理由は、まさに言語によるものです。

遺伝的な進化は非常に遅く、何千年、何万年とかかります。一方、言語による情報伝達は、同じ世代、そして次の世代というきわめて短時間に進化できることを意味します。

例えば、獲物がよく獲れる場所を見つけたとします。言葉を使えば、その場所を仲間に伝達でき、仲間と協力して狩猟することが可能になります。さらに言葉によって、狩猟を行った経験を次の世代に伝えることができます。

経験を受け継いだ次の世代のヒトたちは、それを知識とし、さらに知識を発展させることができます。

このように、急速に発達した脳と言語は、ヒトの進化を加速させたわけです。

「個」から「社会」に進化する

一方、現代の私たちは、さらに早い数年という圧倒的に短い期間で技術を進歩させています。

軍隊を持ち、地形を改造し、巨大なビルを建てています。

狩猟によって食料を調達し、小さな家に住んでいた5万年前のヒトに比べ、現代の私たちは肉体的にも、脳による情報処理的にも能力が高いようにも感じます。

しかし、これは大きな勘違いです。

5万年前のヒトは、現代の人間よりも脳のサイズが大きく、身体も筋肉質であり、生活に関するあらゆることを記憶し、植物、動物のあらゆる知識を獲得しています。

現代人を、一つの巨大な社会システムとしてとらえるならば、5万年前のヒトは貧弱に見えます。しかし、現代人を「個」として見れば、過去のヒトよりも肉体的な能力は低下しています。

人類史上最強ともいえる5万年前のヒトが、さらに大きく変化する出来事が訪れます。

それが約1万年前に起こった「農業革命」です。

「個」が高い能力を持ち、あらゆる物事に対応するよりも、食物を育てたり、狩りをしたり、服を作るなど、分業による「効率」を考えたのです。

そして、より多くの集団を形成し、協力することで、人類という種の成長を加速させてきたのです。

ここから人類は現代社会に向けて急速に動き始めます。

農業によって安定して、大量に食料を確保できるようになると、それまで狩りによって得ていた肉を、自分たちで育てるようになります。

農耕・牧畜で豊かになったコミュニティは、ほかのコミュニティから狙われます。狩猟や農業をするよりも、すでに食料が豊富な場所を奪い取る方が効率が良いためです。よって、人々は一か所に集まり、防壁や監視所、そしてそれらをまとめる組織を作ります。

人々の分業もより細かくなり、組織が大きくなると、次第にコミュニティは大きくなり、町ができ、王国ができ、そして帝国にまで発達します。

帝国は互いに情報交換を行ったり、戦争によって版図を広げます。

また、効率を追い求めることは、科学や工業の発達に寄与します。18〜19世紀にかけて「産業革命」が起こり、現代の私たちに近い生活スタイルが完成します。

私たち人類が誕生してから5万年前までの長い時間をかけ、遺伝子によってゆっくりと成長を続けてきたのに対し、言語の発達によって協力することができるようになってからは、遺伝的な進化を圧倒的に超える速度で、進化を続けています。

産業革命からたった200年ほどで人は車を運転し、快適な家に住み、スーパーで食料を調達しています。さらに、ここ最近の20年でインターネットが爆発的に普及し、人間同士の協力はより強くなり、さらに進化が加速しています。

そして現在、ロボット工学、人工知能、ブロックチェーン、ナノテクノロジー、量子コンピュータなど、今まで以上に速い速度で、ヒトという種として進化を加速させています。

地球上で進化を続ける人類の進化は加速しています。すでに、地球資源の8割を利用できる技術を手に入れた人類は、やがて宇宙へと居住エリアを広げていくはずです。

指数関数的に進化を続ける人類は、今後どのように、太陽系やほかの恒星に進出していくのでしょうか。

太陽の一生

地球の100倍以上の直径を持ち、重さは地球33万倍。莫大なエネルギーを放出し、地球を暖かく照らし、生命をはぐくむ太陽は、どのようにして誕生したのか、そしてどのように終焉を迎えるのでしょうか。

太陽の誕生

宇宙空間に漂う分子を巨視的に見ると、密度が濃い部分と薄い部分が存在します。密度が薄い部分の分子の濃度は、角砂糖4つ分のエリアに分子が1個ほど。分子の密度が濃い部分になると、角砂糖1つに1000個ほどの分子が入っています。

このように分子の密度が高い部分の集合体を分子雲と呼びます。

雲といっても、そのサイズは超巨大。小さいものでも15光年、大きいものでは600光年にもなります。分子雲の分子の密度は圧倒的に小さいものの、サイズが巨大なため、質量は太陽の1万〜1000万倍にもなります。

分子雲の主成分は水素が71%、ヘリウムが27%、残りの2%は、小さなチリ（空間に漂う岩石や金属など）です。通常、分子雲は漂う分子のガス圧と重力のバランスが釣り合い、塊になることはありません。

しかしその安定性も永遠ではありません。分子雲同士の衝突や、近くで超新星爆発が発生すると、ガスの圧力と重力のバランスが崩れ、ガス圧が重力を支えきれなくなり、雲は収縮し始めます。

言葉で説明すると、一瞬の出来事に聞こえますが、分子雲が重力崩壊を始めるまでにかかる時間は約1万年です。

分子雲が収縮を始めると、分子の密度が濃い部分を中心に雲が丸く固まり始めます。この中心部が分子雲のコアです。分子雲のコアが形成された後も、重力崩壊は止まることはありません。

重力崩壊が進んでいくと星のコアの温度が次第に上昇していきます。分子雲の各分子は、重力のポテンシャルエネルギーを持っていて、コアに落ちることでエネルギーを電磁波として放出します。初期のころは放出された電磁波はそのまま遮られることなく、宇宙空間に放出されていました。

しかし、次第に分子が凝縮を始め、電磁波に対して不透明になっていきます。電磁波としてエネルギーを放出できなくなると、電磁波は熱に変換され、分子雲のコアの温度が上がるのです。その温度は－210〜－170℃ほど。

宇宙の温度が－270℃以下なので、分子雲のコアの温度は高温といえます。コアに溜まったエネルギーは、放射によって主に赤外線として放出していきます。分子雲のコア温度が上がっても、重力崩壊は止まりません。

分子雲に含まれた分子がコアに向け落下を続け、コアの温度は上がり続けます。

コアの温度が1750℃を超えると、水素やヘリウムがイオン化します。

イオン化するためにコアのエネルギーが消費され、重力崩壊がさらに加速されます。

崩壊がどんどん加速していくと、次第にエネルギーが宇宙空間へ放出されなくなり、分子雲コアの温度が上昇。こうなると、内側のエネルギーと重力のポテンシャルエネルギーが釣り合い、重力崩壊が停止し原始星となります。すると、崩壊エネルギーが原始星を中心に回転するエネルギーへと変化し、分子が円盤状に回転を始めます。

そして、回転軸の二方向に向けて、イオンのジェットが放出されます。

これがハービッグハロー天体です。

原始星から延びる雲の様子はとても神秘的です。円盤を作った原始星は、円盤から降ってくる物質を吸収し、巨大になり、原始星温度がさらに上昇。１０００万度ほどになると、ついに原始星の中心で核融合を開始。

こうして、地球を明るく照らす太陽が形成されました。

太陽の構造

太陽の直径は１４０万㎞。地球を１００個以上並べても尚、太陽の方が巨大です。

重さは地球の33万倍であり、太陽の質量が占める割合は、太陽系全体の99・86％。

要するに、太陽系の重さのほとんどは、太陽ということです。

重力によって物質がまとまっているため、形はほぼ完全な球体となっています。

太陽の表面を取り巻く構造は、彩層です。密度が非常に薄い大気となっていて、温度は５５００℃ほど。皆既日食のときに、美しい模様を描き出して光り輝くあの部分です。

彩層の下には光球があり、これがいわゆる太陽の表面です。

太陽はガスで作られており、本来、表面は存在しません。

一方、光球は不透明なガスで作られていて、光球の内側の光は外側に届きません。太陽を観察するときに見る光は、光球から出てくる光であり、光球が太陽の表面となります。太陽表面から中心に突入していくと、光球はたったの300～600㎞の厚さで通過し終え、続いて対流層に到達します。

対流層は原子がプラズマ状態になっていて、電磁波が遮られます。よって、コアで作られたエネルギーは、電磁波として対流層を通過できません。

一方、対流層は、深い場所で温められ、表面近くで冷却されるため、ぐるぐる循環しています。この対流によって、太陽が生み出すエネルギーを太陽表面まで伝達しています。

厚さ20万㎞、地球5周分の距離にもなる対流層を超えて深く潜ると太陽で最も分厚い放射層があります。その厚さは40万㎞。対流層では湧き上がる温泉のように下部の熱を上部に伝えていましたが、放射層に対流はなく、熱は放射によって伝達されます。

一方、放射層は電磁波を通すといっても、電磁波が通りやすいわけではありません。放射層を通る電磁波は、前に進んだり後ろに下がったり、横に移動するなどあちこち飛び回りながら放射層を進みます。

放射層の厚さは40万㎞。電磁波の移動速度は秒速30万㎞。放射層の距離を直進できれば、

1秒ちょっとで到達できます。しかし、放射層に入った電磁波は寄り道を繰り返し、放射層を抜けるのにかかる時間は一説には17万年。つまり今日、地球を照らしている太陽の光は、17万年以上前に作られた光というわけです。

放射層を抜けると、ついに、太陽の中心部コアに到達します。

コアのサイズは直径10万㎞、地球8個が横に並ぶ大きさです。コアの温度は1500万℃と超高温。成分は水素7割、ヘリウム3割。1秒間に6億トンの水素を消費し、核融合を行っています。コアは、莫大なエネルギーによって膨れ上がろうとしていますが、太陽の重力と物質が押さえつけ、ちょうど釣り合うことで太陽の球体を保っています。

核融合の出力は一定ではありません。

コアの出力が上がると、コアが少し大きくなり、圧力が低下、これによって出力が低下します。太陽は、自らの重力と物質によって、核融合の出力を安定させているのです。

コロナが超高温に達する謎

空を見上げれば、いつもそこにある太陽。地球に最も近い恒星でありながら、現在でも未解決の問題がいくつかあります。

その一つが「コロナ加熱問題」です。

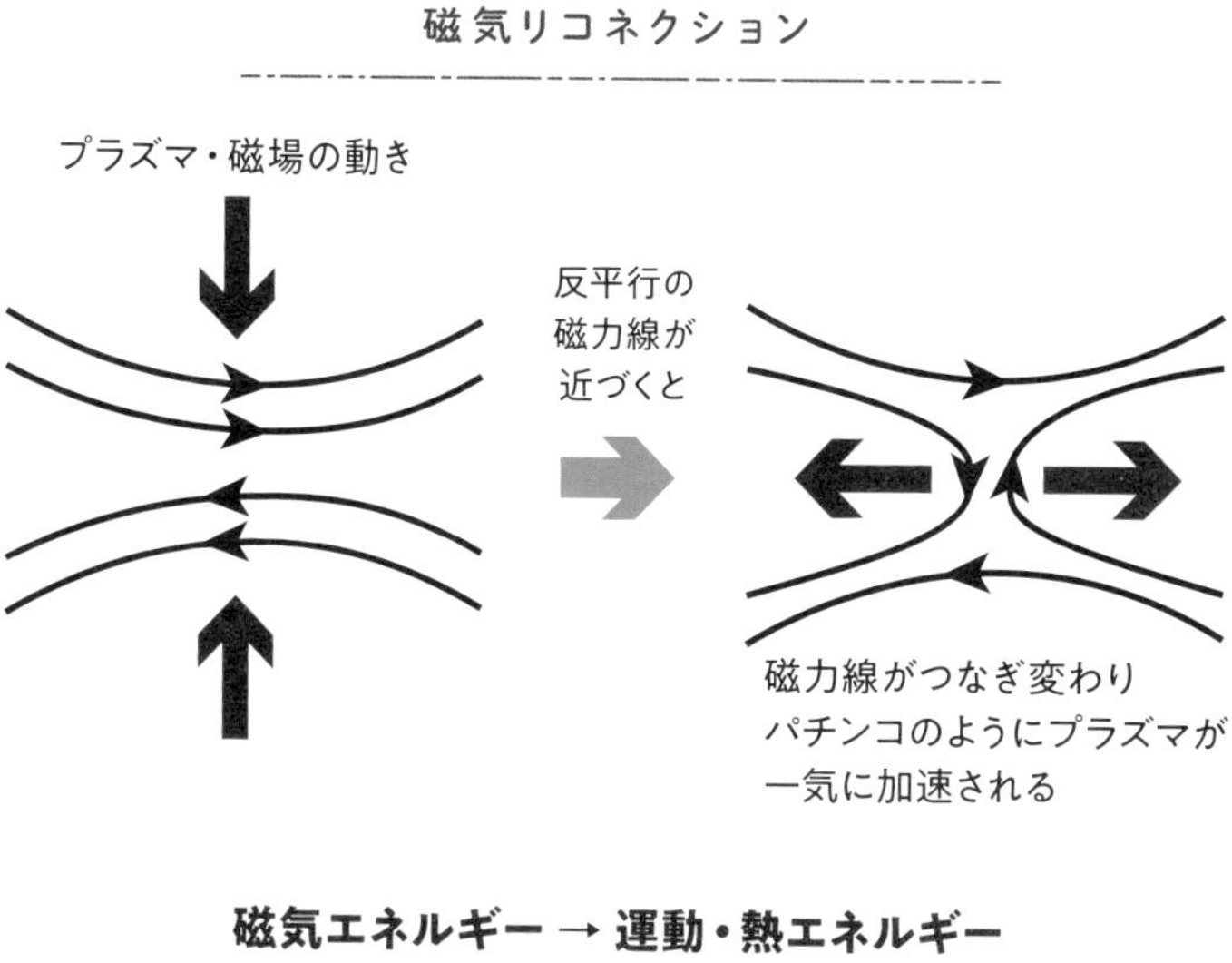
磁気リコネクション
プラズマ・磁場の動き
反平行の
磁力線が
近づくと
磁力線がつなぎ変わり
パチンコのようにプラズマが
一気に加速される
磁気エネルギー → 運動・熱エネルギー

「コロナ」とは、太陽表面から数千キロまで広がる希薄なガスを指します。

太陽表面の温度は約6000℃ですが、コロナの温度は100万℃と、その温度に大きな開きがあるのです。コロナが発する温度には莫大なエネルギーが必要です。しかし、そのエネルギー源が何なのか、まったくわかっていません。

この現象がどれほど不思議なのかというと、例えば、白熱電球のガラス部分よりも、ガラスに近い空気の温度が圧倒的に高くなるようなものです。

現在、この問題を解決する候補として有力なものに「磁気リコネクション」があります。

伝導性が高いプラズマの中で磁力線が

つなぎ変わる現象であり、磁場エネルギーが運動エネルギーや熱エネルギーに変換されます。

磁気リコネクションによって、太陽の少し外側が表面よりも高温になるという一つの理論が考えられているのです。

太陽はどのように寿命をまっとうするか

活発に活動を続ける太陽も、その寿命は永遠ではありません。毎秒6億トンの水素を消費するため、次第に燃料が減り、核融合の出力が低下します。すると、内側からの反発力が小さくなり、太陽自身の重さによって、コアがより強力に圧縮されます。この結果、コアの温度が少しずつ上昇していきます。実際に、太陽が核融合を始めたころと比べ、現在では30％ほど明るくなっています。

太陽が明るくなっていく現象は今後も続き、一説には今から50億年後には、太陽は今の2倍ほどの明るさで輝くとされています。さらに10億年ほど経過すると、コアの水素が減っていき、水素の核融合によって生まれるヘリウムの割合が優位になります。ヘリウムは水素より質量が大きいため、水素を押しのけてコアを支配します。押しやられた水素はコアの外側で核融合を始め、太陽は急速に巨大化します。巨大化した太陽のサイズは、水星と金星を飲み込んでしまうほどです。

さらに十数億年後、水素の核融合が終了し、今度は急速に縮みます。太陽が縮むことでコアが急激に圧縮され、今度はコアのヘリウムが核融合を始めます。ヘリウムの核融合によって酸素や炭素が生成され、水素のときと同じように、ヘリウムより重たい酸素や炭素でコアが満たされ、再び太陽は急速に膨張。

このように、太陽は膨張と収縮を繰り返し、やがてガスを使い切ると、最終的には太陽のコアだけが残ります。

残されたコアがむき出しになった天体、これが白色矮星です。温度は10万〜100万℃と超高温ですが、すでに核融合は停止済みのため、新たなエネルギーが生み出されることはありません。

赤い鉄が次第に冷えていくように、白色矮星もまた、電磁波を放射しながら冷えていきます。放射する電磁波は温度に依存し、温度が高いときにはX線、温度が冷えるにつれ紫外線、可視光線と徐々に放射エネルギーが減っていき、赤外線を放出するころには肉眼では確認できなくなっています。

さらに冷えていくと、電磁波の放射は完全に停止します。電磁波を一切放出しない、暗く冷えきった星、これが黒色矮星です。

このように、燃料が尽きた太陽は、コア以外をすべて放出し、残ったコアも完全に冷えきって黒色矮星となり宇宙空間を漂います。さらに長い時間をかけ、量子のトンネル効果によって、次第に純粋な鉄の塊へと変化していきます。

そして、素粒子同士を結びつける4つの力のうち、3つの力を一つの理論で表す大統一理論が予測するとおり、もし陽子や中性子にも寿命があるならば、鉄原子を構成する陽子や中性子は電磁波に変換し崩壊。最終的に太陽は、跡形もなく消えてしまいます。

宇宙誕生から現在まで、その期間は138億年。

人類にはあまりにも長い時間に感じますが、白色矮星にとってみれば一瞬にすぎません。なぜなら、白色矮星が冷えきるには数兆年から1000兆年かかるからです。

今後、数兆年ほど存在し続ける太陽が、明るく輝ける時間は残り70億年ほどしかありません。壮大な宇宙を知れば知るほど、私たちの存在は小さなものであると痛感します。しかしながら、私たちの命が永遠ではないように明るく輝く太陽もいつか終焉を迎えるのです。空から降り注ぐ暖かさに終わりが来ることを知っている私たちは、太陽と同じように今を熱く輝き、愛する人たちを明るく照らすことが大切であるように感じます。

太陽消滅前に人類がすべきこと

太陽の寿命は120億年前後といわれています。すでに46億歳となり、太陽の寿命は折り返し地点に差しかかっています。寿命とはつまり、燃料である水素を使い切ることです。

人類が生存するために太陽は絶対不可欠です。しかしいずれ寿命を迎えるにあたり、太陽が燃え尽きる前に、私たちは宇宙のどこを目指すべきなのでしょうか。

脱出先の候補となる星を見てみましょう。

候補❶ 太陽に似た恒星の近くの惑星

一説によると私たちが住む天の川銀河には3000億個の恒星があり、惑星が1000

億個存在します。

さらに、地球と同様の生命が存在可能な惑星も100億個存在します。

太陽と同じサイズほどの恒星であれば、寿命も太陽とほぼ同じ120億年前後。

もし、太陽よりも30億年遅く生まれた星ならば、太陽系よりもあと30億年長く生命が生き続けられます。

30億年余分に過ごすことができる惑星発見は朗報ですが、今後の長い宇宙の歴史を考えれば、それはごく短い時間にすぎません。

生命がさらに長く安定して生き続けるためには、もっと寿命の長いエネルギー源を見つける必要があります。

候補❷ 赤色矮星

太陽と同様に、核融合によってエネルギーを発生させる恒星です。

星の誕生初期に、十分な水素を集められなかった小さな星です。

ほかの恒星と同じく、核融合を行っていますが、最も異なる点は核融合のスピードです。

太陽型の恒星は、星の中心、コアで核融合を行いますが、赤色矮星は星全体を使いゆっくりと核融合を行います。

核融合がゆっくりと進むため、星はあまりにも暗く、肉眼では見えません。最新の観測によって、地球に比較的近い赤色矮星が20個ほど発見されています。燃料の消費スピードが遅く、その寿命は短いものでも1000億年、長ければ10兆年にもなります。

現在の宇宙が138億年。当然、現在までに寿命を迎えた赤色矮星は一つもなく、宇宙に存在する赤色矮星は寿命から考えれば生まれたばかりの赤ん坊です。

赤色矮星という独特の名前がついていますが、その正体はほとんど太陽と同じ。よって、赤色矮星の周りにも、地球のように惑星が回っており、実際にすでにそれは観測されています。

赤色矮星は太陽よりも小さな恒星なので、生命が快適に住める惑星の距離は地球と太陽のそれよりもずっと近くなります。例えるなら太陽と水星の距離でしょうか。

しかし問題もあります。

距離が近すぎるため、地球の周りを回る月のように、惑星の自転はロックされてしまい、昼と夜がありません。

ちなみに、水星は例外的に自転しています。本来、水星と太陽の距離であれば、水星の自転もロックされます。実際に、太陽系誕生間もなくは、水星の自転は8時間でしたが、太陽の強力な重力で自転速度が遅くなり、現在は約59日。太陽の周りを楕円形に公転しているため、辛うじて自転のロックは免れたのです。

赤色矮星によって自転をロックされた惑星は、片側は灼熱で、反対側は極寒という厳しい環境です。もし惑星に水が豊富に存在すれば、熱が分散され、温度差は和らぐかもしれません。

ほかにも問題があります。

赤色矮星の一部は非常に不安定で、出力が40％低下することもあれば、巨大フレアを放出することもあります。

フレアが発生すれば、強烈な熱と放射線で惑星を焼き尽くしてしまいます。

赤色矮星の近くに住むことは危険に満ちていますが、エネルギー源がなくなることよりはましかもしれません。

候補③ 白色矮星

白色矮星は、星の死骸です。

白色矮星ができるまでには二つのパターンが存在します。

一つ目は先ほど紹介した赤色矮星の燃えカスです。長い時間をかけ燃えた赤色矮星は、次第に水素の燃料切れで白色矮星へと変化します。

もう一つは、太陽のような大きな恒星から作られます。巨大な恒星は中心で水素が核融合して光り輝いています。しかし、次第に水素が減っていくと、中心部にヘリウムが溜まり、ヘリウムの外側で水素が核融合します。

この状態になると星は非常に不安定になります。星は膨張と収縮を繰り返しながら、徐々に物質を放出していき、星の約半分ほどの物質を放出し終えると、中心部にコアのみが残ります。

もともと星の中心だったコアは密度が高く、角砂糖1個分の体積で重さは1トン以上。よってその重力も強力です。

太陽ほどの重さの白色矮星では、大きさが太陽の60分の1と小さく、表面の重力は地球の11万倍。

もともと星のコアだったため、その温度は宇宙で最も熱く、10万度を超える白色矮星も存在します。温度が高くても、すでに核融合はストップしていて星が小さいため、白色矮星を回る地球型惑星は、白色矮星のすぐ近くを公転する必要があります。

赤色矮星と同じく、公転軌道の近さから惑星の自転はロックされ、常に同じ面だけが白色矮星に向いています。

人間が住める場所は昼と夜の境にある、狭いエリアしかありません。

悪いニュースもあります。

白色矮星は近くの恒星と連星を作っている場合もあります。白色矮星は強力な重力によって、近くの恒星から水素をはぎ取り、水素が溜まっていきます。溜まった水素は白色矮星の重力などで圧力と温度が上がり、核融合を起こします。星の中心で行う核融合は制御された核融合ですが、星の表面で核融合が始まると、それはまさに水素爆弾そのものです。

一気に水素が融合し、爆発。これを新星と呼びます。

危険な一面もある白色矮星ですが、エネルギーの放出は単なる余熱なので安定しており、赤色矮星のような危険な場所ではありません。

白色矮星のほかのメリットは、寿命の長さです。赤色矮星と同じく、数兆年はエネルギーを放出し続けます。

核融合がストップしているのになぜ長期間エネルギーを出すのでしょうか。それは、魔法瓶の原理と同じです。白色矮星のコアは、真空の宇宙に浮かんでおり、熱が周りに逃げることはありません。唯一熱が逃げる経路は放射のみです。

巨大なコアが放射によって冷えきるまでの時間が数兆年、大きいものでは1000兆年を超えるというわけです。

とはいえ、白色矮星の寿命も永遠ではありません。数兆年後には、コアは冷えきり、黒色矮星へと変化します。黒色矮星は、宇宙と同じ温度まで冷えきり、黒くて全く見えません。

その後は、量子論のトンネル効果によって、鉄の塊へと変化し、宇宙空間を漂います。

候補④ ブラックホール

すべてを吸い込むブラックホール。

しかし、長い目で見れば、ブラックホールでさえエネルギー源になる可能性があります。

ブラックホールとエネルギーの関係に、ホーキング放射があります。ホーキング放射とは、ブラックホールからエネルギーを放出することを意味します。なぜ、すべてを吸い込むブラックホールはホーキング放射を引き起こすのでしょうか。

ホーキング放射の原因として二つの仮説があります。どちらも光さえも抜け出せなくなるラインである事象の地平線が関係します。

一つ目の仮説は、ブラックホールが作り出す粒子と反粒子です。

ブラックホールの強力な重力によって素粒子物理学における粒子と反粒子が生成されま

す。

この現象が、ちょうど地平線付近で発生した場合、片方の粒子がブラックホールへ落ち、片方はブラックホールから逃れる可能性があります。

粒子の生成にはブラックホールのエネルギーが利用されており、一つの粒子を生成するのに必要なエネルギーの半分のエネルギーをブラックホールは失います。

もう一つの仮説は、真空の揺らぎです。

こちらはブラックホールのエネルギーに関係なく、真空が持つエネルギーによって粒子と反粒子が生まれます。そして、片方の粒子だけがブラックホールに落ちていきます。

この粒子の生成には、ブラックホールのエネルギーを使用していませんが、エネルギー保存の法則によってブラックホールに落ちた粒子は、負のエネルギーを持たなければなりません。ブラックホールが負のエネルギーを持つ粒子を取り込み、ブラックホールの総エネルギーが減少していきます。

この二つの仮説が原因で、ブラックホールはエネルギーを放出しています。しかし、放出するエネルギーの絶対量はあまりにも小さく利用できません。

では、どのようにブラックホールのエネルギーを利用するのでしょうか。

それはブラックホールの回転エネルギーです。

大きく重いコマの回転が長く続くように、回転している物体は、その回転は止まることはありません。これを角運動量保存の法則といいます。

角運動量保存の法則によって、回転した星が小さくなると、回転速度は速くなります。もともと大きな星がつぶれたブラックホールは宇宙で最も速い回転速度を持っています。

アインシュタインの一般相対性理論が予測したブラックホールは、サイズを持たない単なる点です。しかし、サイズがない点は回転できません。

ひも理論がブラックホールを記述すると、中心は体積のない線がつながったリングで表すことができ、このリングが回転しています。この回転速度があまりにも速すぎるため、時空が引きずられ回転します。この領域が「エルゴ球」です。

ブラックホールが巨大で回転速度が速い場合、エルゴ球は事象の地平線の外側にあり、エルゴ球に侵入しても外に出ることが可能です。

宇宙では光の速さを超えることができない一方、ブラックホールの回転で引きずられるエルゴ球の時空の速度は光速を超えています。よって、エルゴ球に侵入すると、エルゴ球

エルゴ球

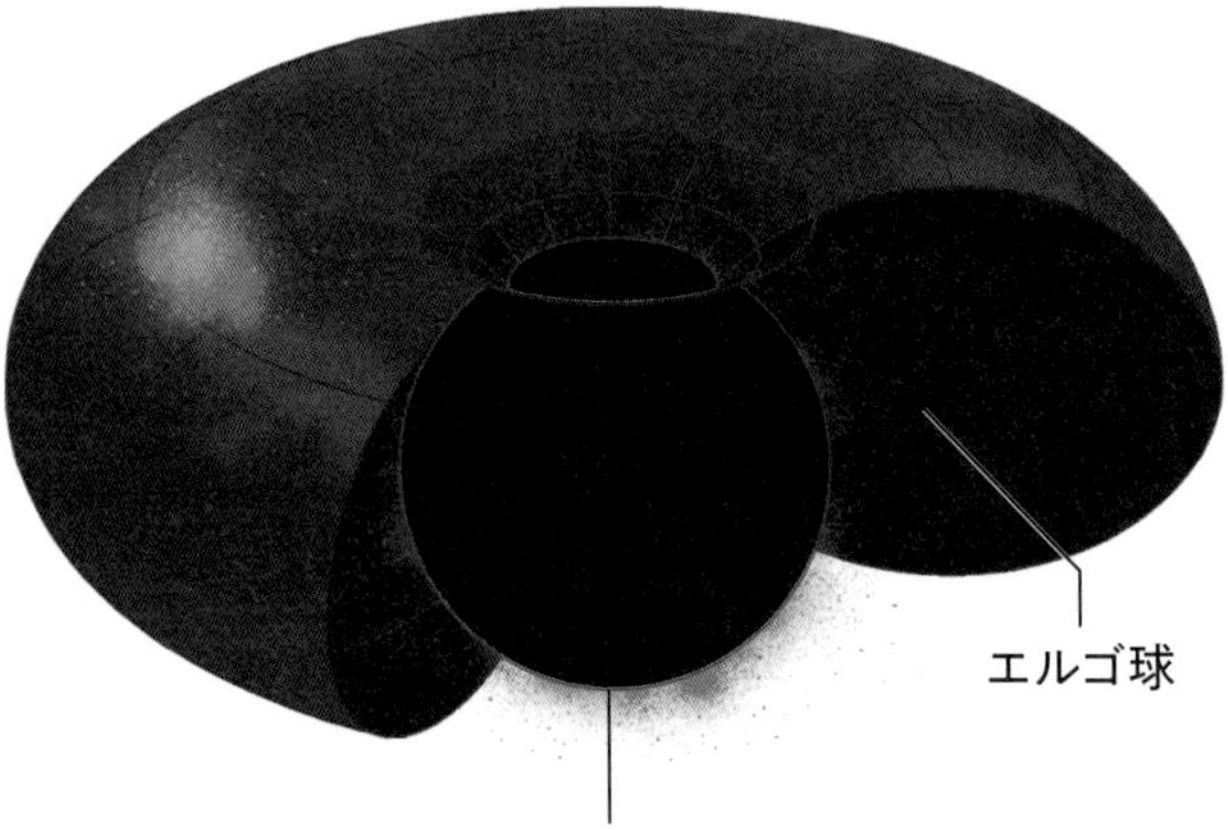

とエルゴ球の外の時空の速度差は光速以上です。

しかし、侵入した物質や電磁波は光速を超えられないため、その場にとどまることはできず、無理やり動かされるのです。

これを言い換えれば、エルゴ球に侵入するだけで、ブラックホールの回転エネルギーから、莫大なエネルギーを取り出すことができるのです。

最も簡単にエネルギーを得る方法は、ブラックホールに何かを落とすだけです。

ブラックホールに落としたエネルギーを少し上回るエネルギーが手に入るため、落とすものは大きなものほど良いことなります。

ブラックホールが持つエネルギーは莫大であり、私たちの銀河の中心にあるたった一つのブラックホールの場合、銀河系すべての星が数十億年かけて発生させるエネルギーに匹敵します。エネルギーをたくさん取り出しても、ブラックホールが持つエネルギーを使い切ることは想像できません。

宇宙で最も長寿命である、白色矮星やブラックホールのエネルギーを利用するというのは、あまりにも壮大な話です。

現在、地球生命が持つ知能は、地球の資源の8割を利用する技術にとどまっています。しかし、長い目で見れば、いずれ人類は、太陽系の資源をすべて利用できる技術を手に入れることでしょう。

しかし、そんな太陽の寿命もあと70億年。銀河の資源を利用できるようなタイプ3の文明を目指し、実現することが地球生命、そして全宇宙生命の目標なのかもしれません。

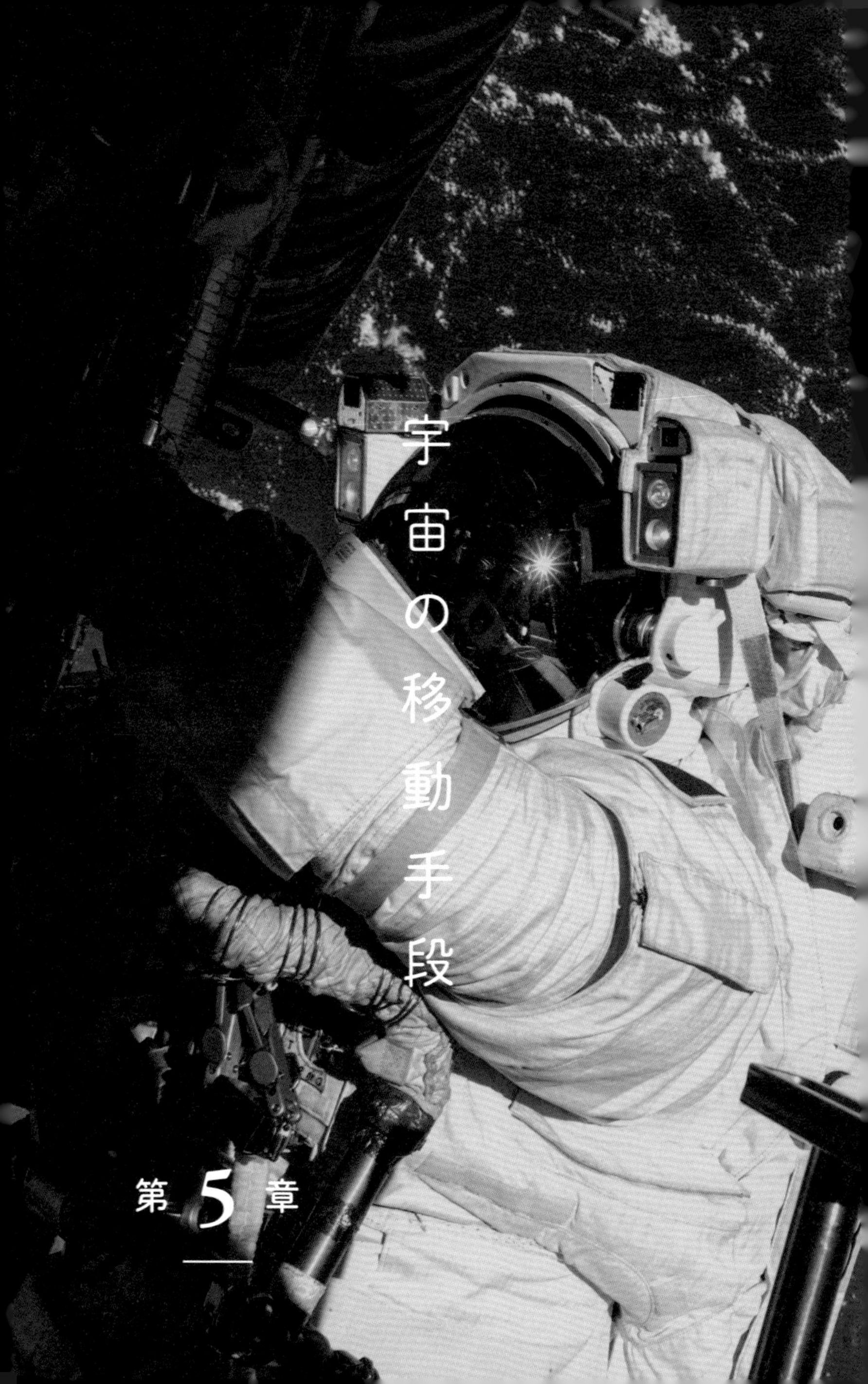

第5章 宇宙の移動手段

宇宙ごみ問題

ごみはどのようにして生まれるのか

地球の周辺には、ごみがたくさん浮遊しているのをご存じでしょうか。「ごみ」といっても、生ごみやペットボトルなどではありません。「スペースデブリ」という、ロケットや人工衛星など宇宙開発を行う中で投棄された、残骸や破片のことを指します。宇宙開発が活発になるにつれ、スペースデブリは深刻化しています。人類にとってどのような影響をもたらすのか、そしてどのようにしてごみ問題を解決へと導くのかを見てみましょう。

宇宙へ物を送る技術、それは難しいようでシンプルです。

キャッチボールを思い浮かべてください。野球のボールは強く投げれば強く投げるほど遠くへ飛びます。軽く投げれば、ボールは数メートル先に落ち、思いきり投げると数十メートル先に落ちます。ボールを投げる強さを言い換えれば、それはボールの速度であり、速く投げれば投げるほど、ボールは遠くまで飛ばすことができます。

ボールの速さをどんどん速くしていくと、どうなるのでしょうか。

10m先、100m先、1km先、1000km先と、ボールを速く投げれば投げるほど、ボールの着地点は遠くなります。

では、地球を一周できるほどの高速でボールを投げるとどうなるでしょうか。投げた地点にボールが後ろから戻ってきます。このとき、もし空気抵抗がなかったらどうなるのでしょうか。

地球を一周したボールは減速することなく、地球の周りを回り続けます。

ちょうど円を描いて地球を回り続ける野球のボールの速度、この速度を第一宇宙速度と呼びます。海抜0m地点の第一宇宙速度は秒速約7・9km。約4秒で山手線を一周できるほどの速さです。もし、地表が真空ならば、第一宇宙速度で投げたボールは、85分後には後ろから飛んできます。

軽い野球のボールなら数十メートル投げることはできますが、重いボウリングの球を遠くまで飛ばすのは大変です。では、ロケットはどうでしょうか。

ロケットの打ち上げは、最初は真上に打ち上げ、その後徐々に斜めになっていき、最終的には地面とほぼ真横になり加速していきます。

こうして地球を周回する軌道に投入された衛星は、エンジンをオフにしても、地球を安定して回り続けます。

一度周回軌道に投入された衛星は非常に安定しており、エネルギーなしに、何年も同じ軌道を回り続けます。

大気が比較的多く存在する高度600㎞軌道で数年、800㎞では数十年、高度1000㎞では数百年もの長い間、地球に落下することなく宇宙にとどまり続けます。この安定性によって、多くの衛星が打ち上げられ、マップのGPSや海外通信、天気予報など現代社会になくてはならないインフラとして機能しています。

漂うごみの速度と破壊力

一方、この安定性が私たちに重大な問題を与えています。

地球の重力を振り切るために、ロケットは莫大な燃料を搭載し、不要になったタンクを順番に切り離すことで効率よく衛星を宇宙に送っています。切り離すものはタンクだけでなく、衛星を入れていたカプセルや様々な部品、そして不要になった衛星そのものが宇宙に捨てられています。長年の宇宙開発によって、その数は増えており、地球を回るデブリは不要になった衛星が約2700基。50cm以上の物体が1万個、リンゴサイズが2万個、ビー玉サイズが50万個、それ以下の追跡不可能な物体が1億個以上、地球の周りを回っています。これらのデブリの速度は時速3万km、秒速8km以上の高速で飛び回っています。

ちなみに拳銃の弾丸は秒速0・5km、軍が使用するライフルサイズの銃弾ですら秒速2・5kmほど。

デブリの速度はあまりにも速く、その破壊力は強力です。銃弾の3倍以上の速さでごみが飛び交うエリアに、軍事衛星、宇宙ステーション、X線衛星、宇宙望遠鏡など、私たちが100兆円以上投資したインフラが設置されています。

現在、これらデブリを常に監視しており、デブリとの衝突が予想された場合、事前に軌道をずらすという方法でこの問題に対処しています。実際、デブリとの衝突を避けるために国際宇宙ステーションは何度も軌道を変更し、万が一に備え、乗組員は脱出カプセルに避難するなど対策をとっていました。

また、ロケットからはがれた数ミリサイズの塗料などのデブリから宇宙船を守るため、防弾仕様の自動車のように、宇宙船にはデブリ対策を施してあります。

一方、衝突したとしても防御可能な小さなデブリと、監視可能な大きなデブリとの間、中間サイズのデブリは現在の技術では対策不可能。衝突すれば致命的な結果を引き起こします。

現在、すでに大量のデブリが地球を覆っていますが、広大な空間を見ればその密度は低く、大きな問題にはなっていません。しかし、この状況が間もなく大きく変わります。それが爆散です。

現在、スペースデブリの密度は低く、デブリ同士の衝突は非常にまれです。50m先にあるBB弾を、エアガンから発射したBB弾で打ち抜くのに等しく、そう簡単にヒットするものではありません。しかし、それも時間の問題です。

長い時間をかけて、デブリ同士が衝突すると、大きなデブリは破壊され、数百、数千のデブリをまき散らします。

まき散らされたデブリが再び別の大きなデブリと衝突。デブリがデブリを生み出し急速に増えていきます。現在はデブリによって1年に一つほどの衛星が破壊されていますが、この破壊によって生まれたデブリが次の衛星を破壊する時間はすぐに短くなります。

次の年には5基、さらにその次の年には50基と破壊されていき、あっという間に軌道上の衛星すべてが破壊されます。

最終的に、地球の周りは無数のデブリで埋め尽くされてしまいます。この状態を「ケスラーシンドローム」といいます。デブリの爆散は気づかないうちに進行し、気づいたころにはもう止めることができなくなっているのです。

ケスラーシンドロームを防ぐ方法はあるのでしょうか。

ごみ対策❶ デブリを発生させない

現在、スペースデブリの防止に向けて、二つの取り組みがあります。

一つは、「スペースデブリを発生させない」ことです。

使用済みの衛星や切り離したロケットの部品は、地球に落下するよう制御するか、回収し再利用します。また、使用済みの衛星は、専用の軌道に変更するというものです。

もう一つは、「軌道を回る衛星を減速させる」ことです。

衛星は長い目で見れば、大気によって徐々に減速し、高度を下げていき、大気圏で燃え尽きます。しかし、現在、スペースデブリの状況は深刻であり、数十年も待つことは得策ではありません。

ごみ対策❷ 大気圏で燃やし尽くす

そこで、二つ目の方法である、衛星を減速させる方法を使います。

低軌道を周回している衛星を減速させると、次第に高度が下がるので、自然に落下するのを待つよりも早く衛星を処分できます。

前半に紹介した通り、地球を周回し始めた衛星は非常に安定しており、その軌道から動かすには莫大なエネルギーが必要です。

高度が低い衛星は、大気に落下させることは比較的簡単です。

一方、高度が高い気象衛星などの静止衛星は落下させて処分するのは現実的ではありません。

そこで、3万6000㎞よりも数百キロ高度が高い場所に移動させ、衛星の機能を完全に停止させます。

この軌道は墓場軌道という名がつけられており、まさに衛星の最後を迎える場所なのです。

新たなスペースデブリを発生させない取り組みはすでに始まっています。

現在、打ち上げる衛星は、低軌道の場合、25年以内に落下するように制御され、逆に、高高度を周回する静止衛星は運用終了後には墓場軌道に移動されます。

様々な対策はすでに始まっていますが、スペースデブリを減らす効果があるのかどうかはわかっていません。連鎖を止められるラインをすでに越えてしまっており、ケスラーシンドロームを発症していると考える専門家もいます。実際に現在追跡できている10㎝以上のデブリ同士が、互いに1㎞以内に接近する頻度は、1日1回以上。衝突によってデブリが指数関数的に増えていく臨界地点を越えてしまっているかもしれません。

ごみ対策③ 一つひとつ回収する

すでに発生したスペースデブリを除去する方法も研究されています。

宇宙空間を漂うデブリをネットやアンカーで移動させ落下させる方法、磁力を使って軌道を変える方法、レーザーで蒸発させる方法です。

しかし、費用対効果が低く、実現できるかどうかは不明です。

広大な宇宙にあこがれて、人類は宇宙に進出するために多くの宇宙開発を行ってきました。しかし、宇宙開発によって発生したごみによって、人類は今後宇宙に出ることはできなくなるかもしれません。

科学技術の発展が地球上に大きな問題を作り出していますが、すでに人類が持つ技術は、デブリの雲で宇宙に進出できなくなるという大きな問題すら作り出している可能性が高くなっています。

今後の宇宙インフラの安定利用のためにも、ごみを減らし、宇宙をきれいに保つ努力が必要です。

宇宙エレベーター

空港から気軽に海外旅行に出かけるように、〝宇宙空港〟から気軽に大気圏の外へ旅行ができる日はいつやってくるのでしょうか。

宇宙旅行の問題は「必要なエネルギーが足りない」こと

宇宙旅行の最大の課題は何か。

空気がないこと、寒いこと、あるいはX線などの有害な電磁波……。細かく挙げればたくさん出てきますが、いずれも大した問題ではありません。

最大の障壁は「宇宙へ行くためのエネルギーの不足」です。

例えばロケットで真上（宇宙）に向かってもいずれ落下してしまいますが、地球を周回する軌道で第一宇宙速度を出せば宇宙旅行を楽しめます。地球の重力と遠心力が釣り合えば、大気がほとんど存在しない大気圏外ならば、重力と遠心力が釣り合う状態を長く維持できるのです。

宇宙へ行く原理について、このように文章として書く分には簡単です。しかし、実際はそうはいきません。現在、宇宙へ物資を送る際に使う乗り物はロケットです。ロケットは、大量に搭載した燃料と酸素を燃焼させることで推進力を得ています。搭載する物資が多ければ、それに応じてたくさんの燃料と酸素も搭載しなければなりません。すると今度はロケット自体も巨大になり、その重量分の燃料も必要になるという、いたちごっこのような図式です。

仮に、地球に存在する石油や石炭、ウランなどあらゆる資源を最高の燃焼効率で利用した場合でも、宇宙へ届けられる物資の量は、エベレスト山一つ分ほどにしかなりません。つまり、将来エベレスト一つ分の物資を宇宙へ打ち上げてしまったら、地球の資源は底をつくということです。

宇宙に「物」を送るには莫大なエネルギー、つまり大量の資源が必要なのです。

軌道エレベーターの建造候補地

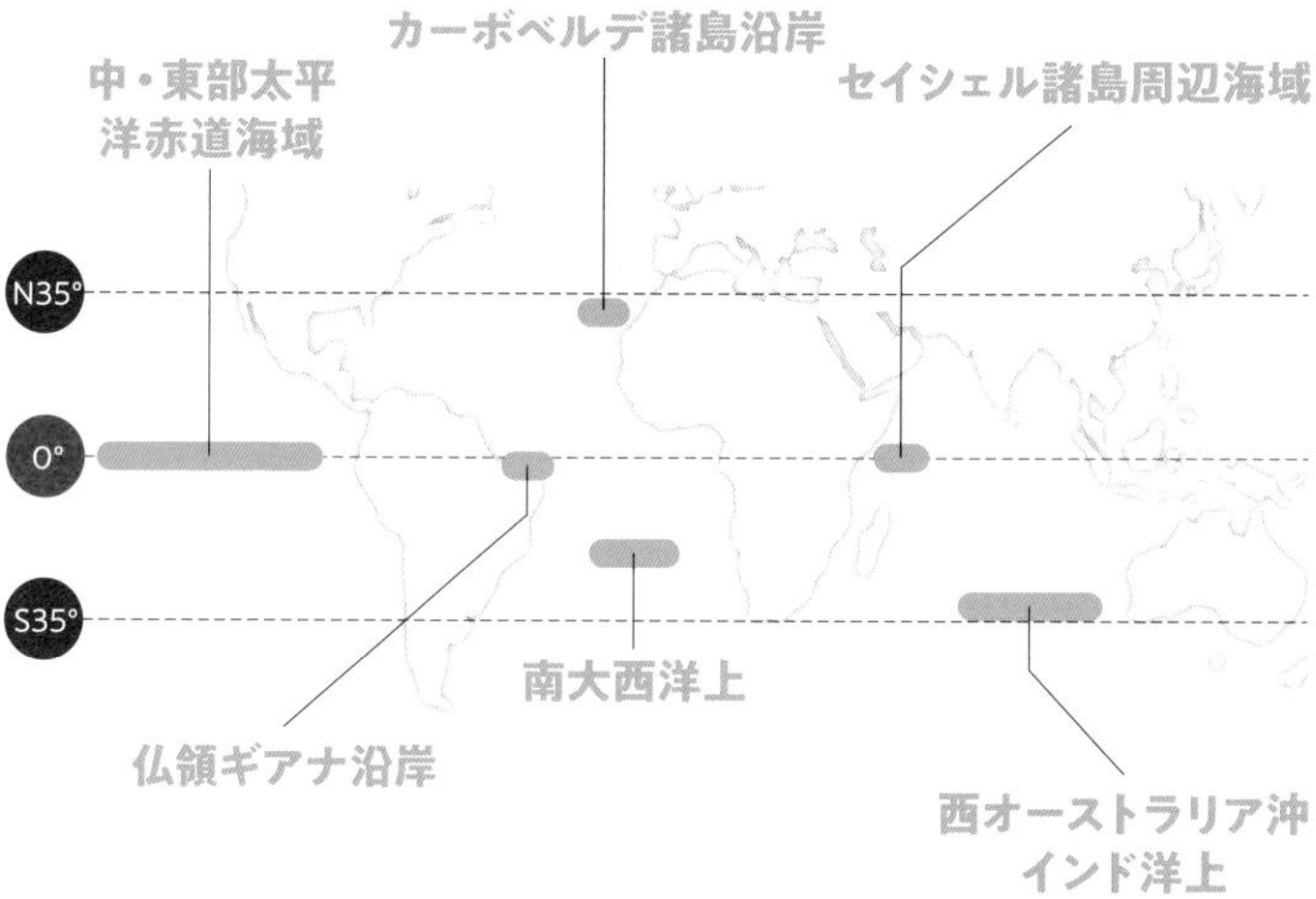

宇宙に届くエレベーター

現在、宇宙へ1kgの物資を送るのに約2000万円必要です（アメリカ製・アトラスVロケットを使い、静止軌道まで打ち上げたときの費用）。60kgの人間なら1億2000万円。

非常に高額です。言い換えれば、必要なエネルギーを減らせば宇宙開発のコストを下げられるということです。

これを実現するのが「軌道エレベーター」です。地上と宇宙をケーブルで結び、運搬機がケーブルに沿って上り下りします。

必要なモジュールは4つあり、地上の基地局、ケーブル、宇宙の基地局、そして移動する運搬機（かご）です。

地上の基地局は当然、海上か陸上に設置することになりますが、特定の国での建設は政治的な問題がおおいに絡んできます。そのため国際海域に建設することになるでしょう。現在挙げられている候補地は、中・東部太平洋赤道海域、西オーストラリア沖インド洋上、南大西洋上、フランス領ギアナ沿岸、カーボベルデ諸島沿岸、セイシェル諸島周辺海域の6つです。

ケーブルの長さと、強度問題

軌道エレベーターのケーブルは非常に長くなります。

まず、上空3万6000kmを周回する静止衛星と接続する計画であるため、最低でもその分の長さが必要です。

軌道エレベーターの長さは、拡張することも可能です。長くなれば長くなるほど、宇宙での利用目的は多彩になります。例えば、高度3万6000kmに基地局を作った場合、基地局が動く速度は秒速約3km。よって、地球の重力を振り切れません。しかし、ハブ空港のような中継基地にするには最適です。なぜなら月や惑星に行くためにはスピードが重要であるためです。

月に行くために必要な速度は秒速11㎞。中継基地から出発するなら、秒速3㎞から秒速11㎞に加速するだけで大丈夫です。要するに、ケーブルが長く、宇宙基地の高度が高ければ高いほど、速度が速くなり、地球から遠い場所まで出かけることが容易になります。

よって火星や土星などほかの惑星に移動する基地局として便利になります。ケーブルが長いほど軌道エレベーターのメリットが大きくなるのです。

一方、ケーブルが長ければ当然、軌道エレベーターの実現はより困難になります。

先ほど述べたとおり、軌道エレベーターのケーブルの長さは最低でも3万6000㎞必要です。これは、地球一周に相当するケーブルを垂直に設置するということです。よって、それだけの重さを支える強度が必要になります。

ケーブルの強度には比強度という指標があります。比強度とは、密度当たりの引張の強さであり、数値が大きいほど軽くて強いということになります。

軌道エレベーターに使うケーブルは非常に長いため、必要な比強度は5万kN・m／kg以上。これがどれほど高い値なのかというと、頑丈に見えるキッチンのステンレスの比強度が約60kN・m／kg。チタン合金で260kN・m／kg。最新素材の炭素繊維ですら、2500kN・m／kgほどです。

現在、候補として注目されている素材がカーボンナノチューブ。カーボンナノチューブの比強度は4万6000kN・m/kgほどで、十分な強度とはいえませんが実現性が高くなっています。そのほかに、ダイヤモンドナノスレッドやコロッサルカーボンチューブという素材も研究されています。

運搬かごをどう昇降させるか

運搬かごは、どのようにしてケーブルを移動するのでしょうか。

ビルに設置されているようなエレベーターは「ロープ式」といわれ、主ロープの両端に、かごと、釣り合うおもりを吊り下げ、最上部に設置した巻上機で昇降させる仕組みです。

一方、軌道エレベーターは、現在も様々な方法が考案されていますが、最も実現性が高いのは自走式のものです。ケーブルの断面は円ではなく長方形、つまり平べったい形にして二つのローラーで挟み込み、かご自体が移動する方法です。

昇降速度は時速300km前後が、現在における限界とされています。ちなみに3万6000kmの静止衛星に着くまで丸5日かかる計算です。

速度が上がらない理由は、軌道エレベーターの原理そのものにあります。

軌道エレベーターの先にある、宇宙側の基地局は地球の自転と同期しています。高度が

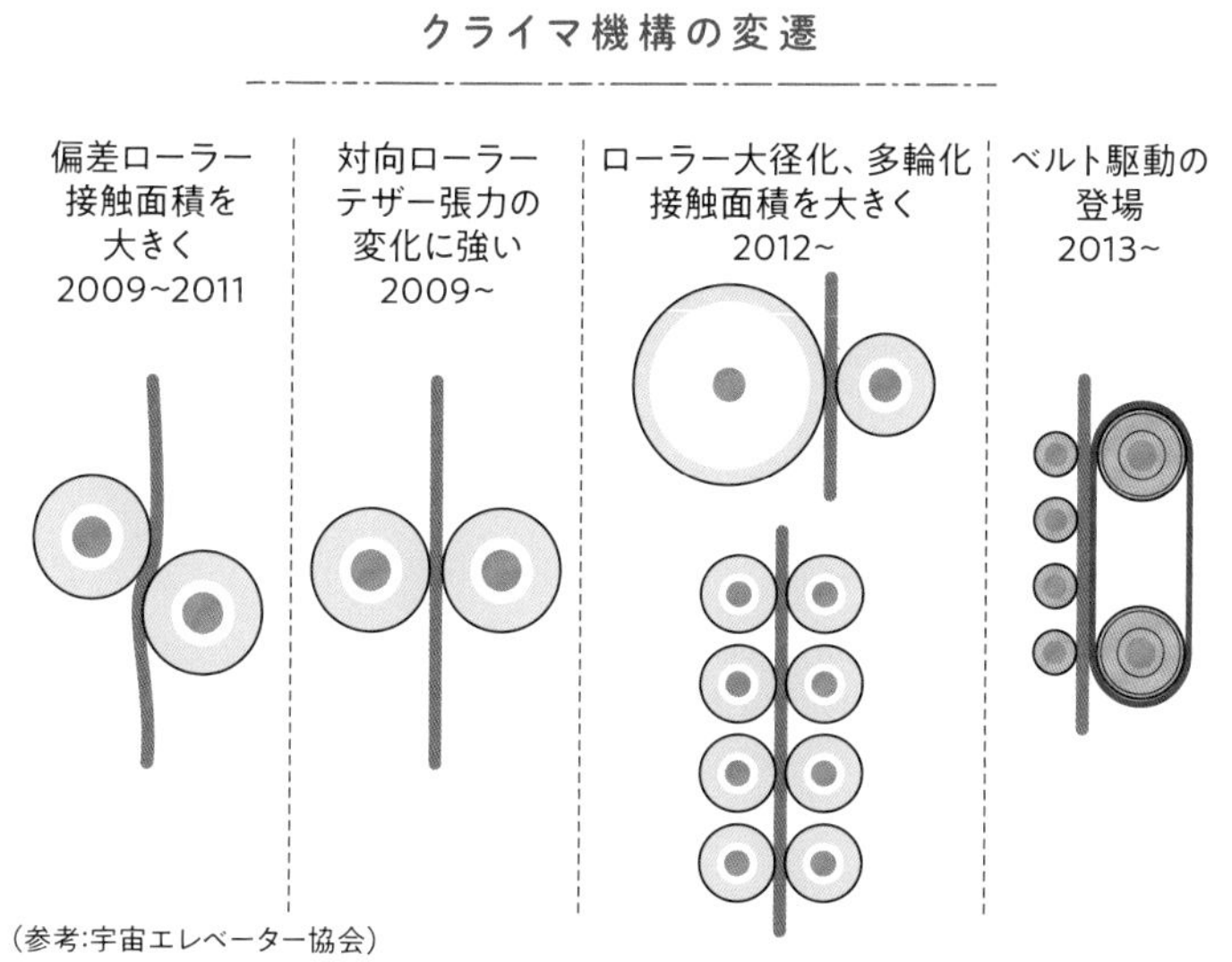

高くなればなるほど、衛星の動きは地球の自転方向へより加速させることになります。ケーブルは地球の自転方向と反対方向に引っ張られ、反動によって地球の自転方向へしなります。

要するにエレベーターのかごが動くとケーブルが振動してしまうのです。かごの上昇速度を速くすれば速くするほど、ケーブルはより引っ張られ、それが原因で発生する振動も大きくなります。

自走するかごには、もう一つの課題があります。

それは、移動させるためのエネルギーです。かごが自走する場合、常にエネルギーを供給し続けなくてはなりません。

現在考えられている有力な方法は二つあります。

一つは、レーザーをかごに照射し、レーザーを動力に変換して動かす方法。もう一つは2本目のケーブルを用意し、電力を供給する方法です。

安全性とコスト

そもそも、軌道エレベーターは安全な乗り物なのか――。

安全面でまず懸念されることの一つは、ケーブルの破断です。宇宙でケーブルが切断された場合、3万6000㎞分のケーブルが地球に落下することになります。文字通り、地球を揺るがしかねない規格外の大事故です。

また宇宙と地上がケーブルでつながっているため、航空機はケーブルを避けるように飛行する必要があります。これは宇宙も同様です。人工衛星のほとんどは軌道エレベーターの先にある静止衛星よりも低軌道を周回しているため、ケーブルを避ける必要があります。

建造物の問題だけでなく、人的な被害も考慮しなければなりません。

地上の基地局から静止衛星までに必要な時間は約5日間。その間、有害な宇宙の放射線にさらされることになります。放射線から守るために、かごの周囲を防護する必要があるでしょう。すると当然かごの重量も大きくなり、運用コストは高くなります。

コストに目を向ければ、建設予算もまだまだ課題が多いといえます。軌道エレベーター建設に必要な予算は6兆～10兆円とされています。果たして、莫大な費用をかけてまで建設するメリットはあるのでしょうか。簡単ではありますが、宇宙開発コストを試算してみましょう。

冒頭に紹介したとおり、現在、宇宙へ物資を届けるには1kgあたり約200万円のコストがかかります。

一方、軌道エレベーターなら安価です。宇宙エレベーター協会が算出したデータによると、実証用で11万円/kg。実用化されると1万円、さらに技術が進めば1000円としています。初期投資は高額ですが、使えば使うほど単価が下がり、宇宙開発コストより安くなります。

またロケットのように、「燃料を運ぶための燃料を搭載する」というような無駄なエネルギーを節約できます。

身近になるのは、ロケットかエレベーターか

1903年、ライト兄弟が世界初の動力飛行を成功させ、のちに旅客機が誕生しました。

旅客機は当初、政府の要人か一部の（冒険心あふれる）大富豪しか乗ることができない高価な乗り物でした。現在では、航空機のコスト低下によって誰でも海外旅行に行けるほど身近な乗り物です。

一方、ロケットは飛行機のような身近な存在にならない可能性があります。技術がさらに向上し、ロケットの製造コストが下がり、燃焼効率を上げたとしても、宇宙へ到達するためのエネルギーが莫大なことに変わりはなく大量の資源を費やします。ロケットという技術を利用する限り、宇宙旅行を気軽に楽しめる未来を実現するのは難しいでしょう。

それに対し、軌道エレベーターはロケットよりもはるかに少ないエネルギーとコストで地球と宇宙の往復を実現します。

不可能といわれた有人飛行を実現し、空を身近なものにした人類は、軌道エレベーターを通じて、宇宙との距離をぐっと近づけるかもしれません。

ワームホールは実現可能か

「ワームホール」は、時空と時空をつなぐトンネルです。

光が何十億年もかかって移動する距離を一瞬で行き来します。ワームホールが実在するなら、見た目はまるでブラックホールでしょう。

時空とは何か

ワームホールを知るためにまず、時空について見てみます。

私たちの身の回りの空間は、時間と空間、いわゆる時空です。アインシュタインが登場する前までは、時空は不変であり、絶対的な存在だと思われていました。しかし、アインシュタインは質量によって時空がひずむことを発見し、それを一つの公式で表します。そ

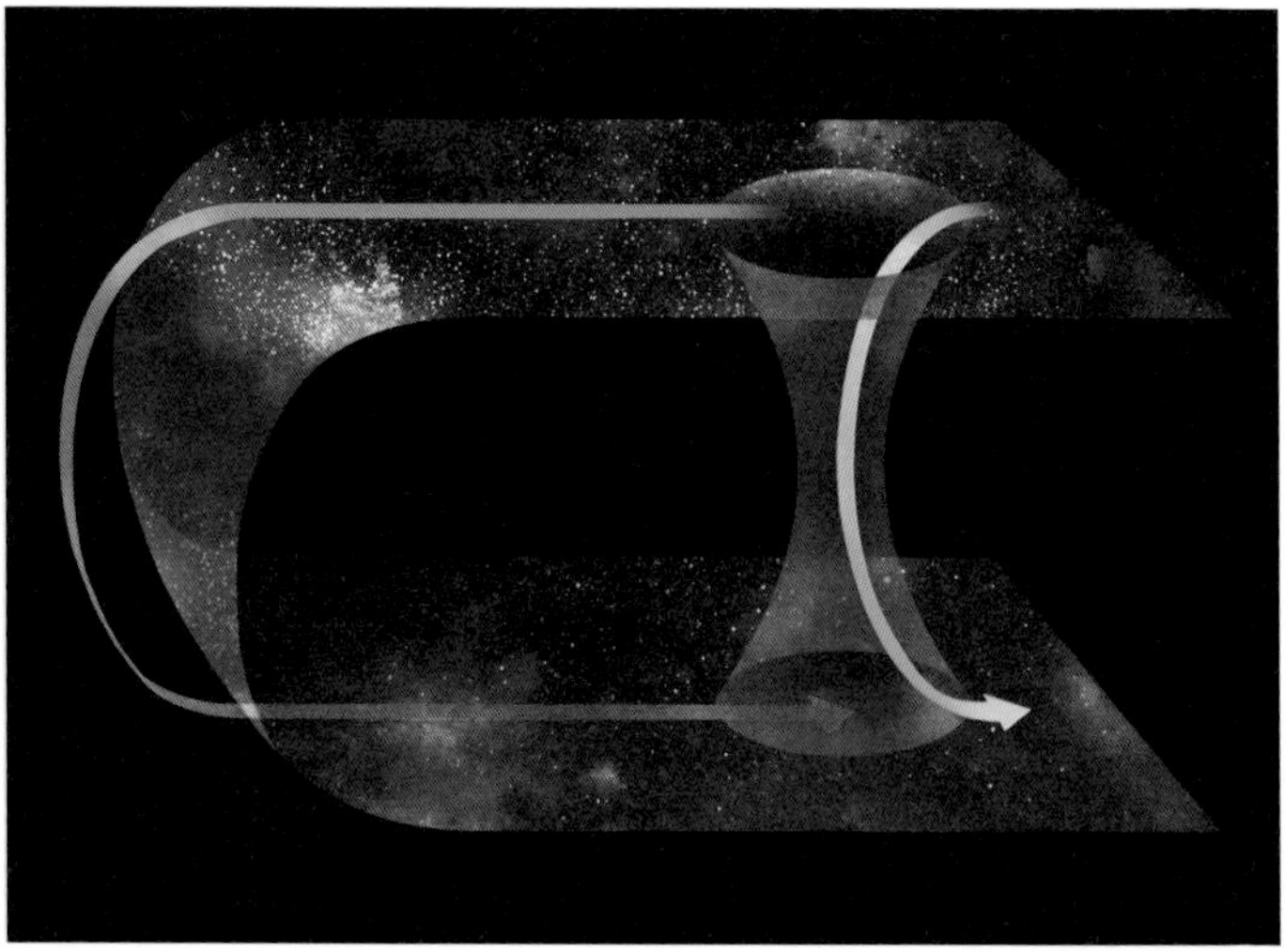

ワームホールのイメージ図

の理論が一般相対性理論です。

一般相対性理論からわかることは、時間と空間は質量と相互作用すること。そして、これは間違いのない事実であるということです。

そんな一般相対性理論は、ワームホールの存在を予言します。

ワームホールの種類

そもそもワームホールとは何でしょうか。

アインシュタインの一般相対性理論で空間を表すと、それはまるでゴムシートのようになります。物体を乗せるとゴムシートはひずみ、ぐにゃっと曲がります。折り曲げて、上下に並べ、物体で穴をこじ開ければ、ワームホールが完成。

穴を通れば、どんな遠くでもショートカットできるため、光よりも速く到達が可能というわけです。まるでSF映画のような話に聞こえますが、数学理論では、すでにワームホールを作ることが可能なのです。

ワームホールにはいくつか種類があります。見てみましょう。

①アインシュタイン-ローゼン橋

アインシュタインの一般相対性理論によって予測可能なワームホールです。先ほどのゴムシートに物体を置くと、ゴムシートは物体によってたわみます。

ゴムシートに置いた物体を圧縮していくと、ゴムシートはどんどん下に引っ張られます。圧縮を続け、物体の密度が無限になったとき、一般相対性理論が表す特異点が出現します。密度と重力が無限となり、一般相対性理論上の数学が破綻するポイントです。

そして、特異点の周囲に、抜け出せない領域が現れます。

この領域のちょうど境目、事象の地平線の内側、これがブラックホールです。特異点は一般相対性理論における計算不能なポイントというだけであり、実際にはほかの何かがあるのかもしれません。それは、「ホワイトホール」です。

特異点の向こう側は、すべてを吸い込むブラックホールとは真逆のホワイトホールが存在します。ホワイトホールは一般相対性理論で記述可能であり、その条件は時間の反転です。

ブラックホール周辺では、特異点に近くなればなるほど時間の進み方が遅くなり、特異点では時間が停止します。

そして特異点の向こう側では時間がマイナス、要するに時間の進み方が反転するのです。

一般相対性理論によって、時間が柔軟に変化し、時間が逆に進む空間が存在し、ホワイトホールが完成します。

ブラックホールの特異点は、実は、時間が逆に進む宇宙のホワイトホールにつながっている、それがアインシュタイン－ローゼン橋なのです。あくまでも理論上の話ですが、理論の破綻はなく、ワームホールの候補になりえます。

しかし、アインシュタイン－ローゼン橋が存在したとしても、それは人類にとって有益にはなりません。

理由は簡単です。まず、ブラックホールに吸い込まれると、潮汐力によって粉々になります。さらに、特異点の通過速度は光の速度になるため、時間は停止し、永遠に外に出られません。

アインシュタイン－ローゼン橋が時空をつないでいたとしても、人間にとってそれは三途の川に架けられた珍しい橋でしかありません。

アインシュタイン－ローゼン橋は、つながっていても、絶対に渡ることができない橋なのです。

②通過できるワームホール

せっかくワームホールを発見するなら通過できるワームホールが欲しいところです。いくつか候補があります。

一つは真空エネルギーと宇宙ひもによるワームホールです。

真空エネルギーとは、宇宙を加速膨張させる未発見のエネルギーの候補の一つです。真空エネルギーが発生するとき、時間の最小単位であるプランク時間の間だけ、時空に穴をあける可能性があります。しかし、一瞬あいた時空の穴は、すぐに閉じてしまいます。

あいた穴を維持するのが、「宇宙ひも」です。

宇宙誕生間もないころ、ひも理論によれば、宇宙は宇宙ひもで構成されます。量子の揺らぎにあいた穴にこの宇宙ひもが貫通し、少し離れた時空をつないだ可能性があります。

宇宙ひもは、4つの基本的相互作用のうち、重力さえも統一しており、ワームホールをあけたままにできる負のエネルギーを持ちます。あいた穴に宇宙ひもが貫通した状態で宇宙のインフレーションが発生し、つながった時空同士の距離が急速に離れます。

宇宙初期に無数のワームホールが誕生し、宇宙の拡張とともに、宇宙中に巨大なワームホールが散らばり、時空の移動を可能にしています。

人工ワームホールは可能か？

現在、ワームホールの候補は見つかっていませんが、物理学上、ワームホールの性質はブラックホールによく似ています。よって、すでに発見されているブラックホールが、実はワームホールであるという発見があるかもしれません。

ただし、発見されているブラックホールが、もしワームホールだったとしても、それは気軽に利用できるものではありません。地球から最も近いのが、連星系HR6819に存在するブラックホール。その距離は約1000光年。今から光の速度で目指したとして、到達するのが西暦3000年。しかも、ランダムにあいた穴は、どこにつながっているかわかりません。

日本から太平洋のど真ん中につながるトンネルのように、トンネルの先が人類にとって何も有益でない可能性もあります。

しかし、天然のワームホールがだめなら、作ってしまえばよいのです。人類にとって、最も有益で魅力的なワームホール、それは人工ワームホールです。

人工ワームホールの要件は、

・空間移動が可能なこと
・一度越えたら二度と戻れなくなる、ブラックホールのような事象の地平線がないこと
・重力の強さの差で通過する人が破壊されないよう、潮汐力が十分に小さい、巨大な穴であること

ではどうやって時空に穴をあけ、その穴をあいたままに維持したらよいのでしょうか。そこで利用するのが、エキゾチック物質のうち、負の質量を持つ物質です。

エキゾチックとは、風変わり、奇妙を意味し、その名のとおり、物理学上、奇妙にふるまう物質のことです。

質量を持つ物質は、古典的な万有引力の法則が示すとおり重力を持ちます。一方、負の

質量を持つ物質は、重力とは全く反対の性質を持ち、斥力を持ちます。

ワームホールは強力な重力によって閉じようとしており、そのままでは途中でつぶれてブラックホールに変化してしまいます。そのためエキゾチック物質を使い、反重力によって穴をこじ開けたままにしておくというわけです。

現在、負の質量を持つ物質は発見されておらず、存在するかどうかも不明です。しかし、数学上の計算では、その存在は破綻することなく、正しい解を導くため、理論上は存在しています。

その候補となっているのが、宇宙を加速膨張させるダークエネルギーのうち、真空エネルギーです。真空は、量子サイズで揺らいでおり、そこから粒子と反粒子の対が生まれては消滅する現象が起こっています。真空から質量を持つ粒子が生まれるとき、負の質量を持つ粒子も生まれ、瞬時に消滅しています。

そして、現在、負の質量を持つことと同様の現象を得られるようにコントロールする方法もすでに存在しています。

ブラックホール並みの重力とは真逆の反重力を使えば、ワームホールを作り、トンネルを維持し、そこを通過することが可能になります。そして、トンネルの出入り口が自由にどこでも設置可能になる人工ワームホールが完成します。

理論上存在可能でありそうなワームホールですが、反対意見も多くあります。

それは、時間移動と情報保存の問題です。

ワームホールが遠い時空同士をつなげた場合、重力と反重力の問題で出口と入り口は時間に差が生まれます。時間の差を考慮すると、理論上、ワームホールは崩壊します。

また、もしこの問題を解決したとしても、ワームホールは情報が通過できないことになります。

情報保存は、現代物理学の根幹であり、情報が通過できず保存されない場合、現在の物理学はすべて白紙になり、今まで人類が続けてきた研究がすべて無駄になるほど重大な問題となります。実際に、ブラックホールの情報保存のパラドックスがその問題を持ちかけており、物理学者たちを悩ませているほどです。いずれにせよ、様々な理論でワームホールが研究されています。

アインシュタインが時空を幾何学模様として描き、それが正しいことが証明された今、時空を操作する何らかの方法があっても全く不思議ではありません。

「実写版どこでもドア」の誕生が期待されます。

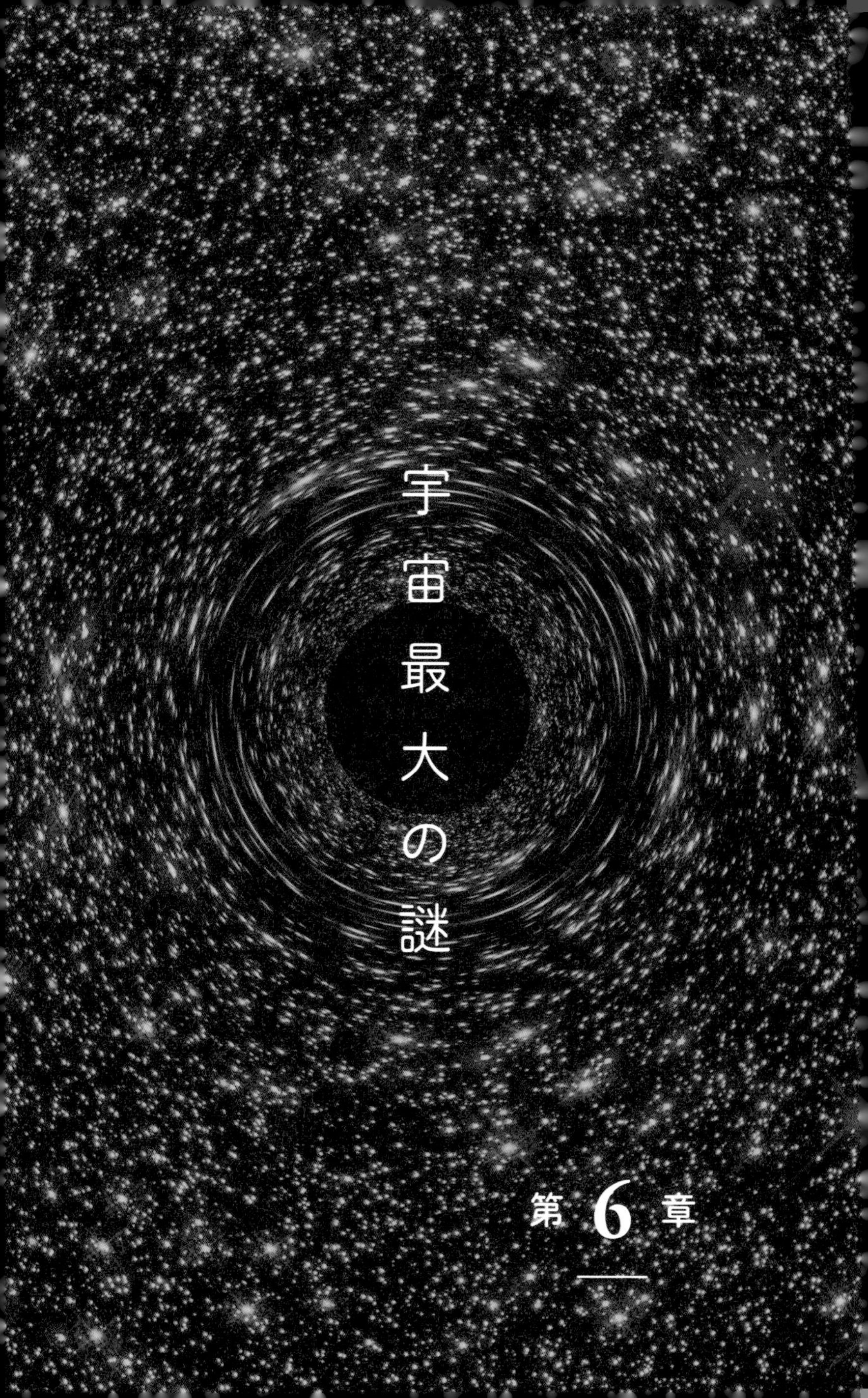

第6章

宇宙最大の謎

ブラックホール

ブラックホールは現代の物理学でも解明されていない、宇宙で最も謎に満ちた天体の一つです。強力な重力によってすべてを飲み込むだけでなく、人類が作り上げた現代物理学をすべて崩壊させる可能性があります。

ブラックホールを予言した一般相対性理論

今から100年以上前、アインシュタインが一般相対性理論を発表し、物理学は飛躍的に向上しました。従来、時間と空間は絶対的なものであり、そこにあることが当たり前で、変化するはずのないものとされていました。しかし、アインシュタインは空間と時間は幾何学上の舞台であり、その舞台は質量と相互作用することに気づき、それを数式で表

ブラックホールのイメージ図

します。

一般相対性理論の登場によって、それまで説明がつかなかった多くの謎が解決し、物理学が飛躍的に進歩しました。

そんな一般相対性理論にも問題があります。物質を押し縮め、密度をどんどん高めていくと、体積が0になった瞬間に、一般相対性理論が計算できないポイントが発生します。

これが特異点です。

特異点の周囲は重力が極端に強くなり、光さえも脱出不能になる領域が現れます。これがブラックホールです。

一般相対性理論には、計算が破綻する点が存在し、それが宇宙にも存在することを理論自身が予言します。一般相対性理論誕生から60年余りの間、ブラックホールは発見されず、理論上のみに存在していました。しかし、理論発表から60年近く経ち、X線天文学の発達によってブラックホールの候補となる現象が観測されました。

そして、一般相対性理論の予言から100年以上経った2019年4月10日、ブラックホールの存在を示すブラックホールシャドーを直接観察することに成功したのです。

ブラックホール観測に欠かせない「電磁波」とは何か

いま述べたとおり、ブラックホールが初めて観測されたのはつい最近のことです。きっかけになったのは、X線天文学の発達です。

X線は電磁波の一種です。電磁波とは空間の電場と磁場の変化によって形成される波(波動)のことです。波長の違いで様々な種類の電磁波に分類されます。

私たちが普段目にしているものは、すべて電磁波です。

電磁波の中で波長が360~830nmのものが可視光線で、紫、青、緑、黄色、赤などはすべて電磁波の周波数もしくは波長の違いで表現されます。

私たちの目は、電磁波のうち、360~830nmの波長を感知する能力があり、この能力が視力そのものです。

波長が400nmほどの電磁波は、紫色で波長は短く、可視光線の中で最も波長が長い700nmほどの電磁波は赤色です。雨上がりにできる虹の色は、いわゆる虹色であり、360〜830nmの電磁波を拡散しています。

目に見える赤色よりも波長が長くなると、目で見ることはできなくなりますが、電磁波は存在します。それが赤外線で、太陽光の暖かさそのものになります。

波長の長い電磁波

そして、赤外線よりも波長が長い電磁波が、軍事にも利用される「電波」です。携帯電話や地デジ、ブルートゥース、Wi-Fiは可視光線と全く同じ単なる電磁波で周波数が異なるだけなのです。

電波はさらに細かく分類されています。

赤外線よりも波長が長い電磁波がマイクロ波。ミリ波やセンチメートル波などの総称で、マイクロ波は軍事レーダーや通信に使われますが、最も一般的なのが電子レンジです。電子レンジは電波を食べ物に照射し、水分子と共鳴し振動させることで、内部から物を温めることができます。要するに、電子レンジは電波発生装置を取り付けて、電波が外に漏れないように工夫している箱というわけです。

マイクロ波よりも波長が長いものは順に、短波、中波、長波など、無数に名前がついていますが、すべて単純に波長の長さで分類しているだけです。

超短波はテレビなどに利用され、短波は無線、極極超長波は潜水艦の通信に利用されます。

波長が長くなると、建物の中や鉱山の中、さらには海深くに潜る潜水艦にすら電波を届けることが可能になります。

逆に波長が短いと、建物の壁や窓ガラスなど、わずかな障壁すら透過しなくなります。

ここで一つ画期的なアイデアが生まれます。

携帯電話に波長が長い超長波や極極超長波などを利用すれば、建物の中や地下、山奥など、どこでもいつでもつながるスマホが誕生するはずです。

しかし、確かに携帯はどこでもつながるようになりますが、通信速度が遅くなります。

実際に潜水艦は極極超長波を使って海の中で司令部からの指令を受信しますが、その情報量は1分に数文字程度の情報でしかありません。よって、極極超長波を使った指令は、内容を単純なコードに変換して通信を行っているほどです。

一方、話題の5G通信。携帯が4Gから5Gになると、利用する電磁波の波長が短くなります。波長が短い電波は、情報量が多くなり、高速で遅延なく通信することができるようになります。

反面、電波が届きにくくなるため、基地局は多くなり、電波を狙った方向に集中させる技術などが用いられます。可視光線の波長がナノメートルサイズですが、潜水艦の通信に利用する電磁波の波長は、なんと1000㎞という長さになります。しかし、どちらも単純に「波」であり、どちらも同じ電磁波です。

波長の短い電磁波

ここまでが可視光線よりも波長が長い電磁波です。

一方、可視光線よりも波長が短い電磁波も存在します。有名なのが紫外線。そして、紫外線よりも波長が短いものがX線です。

ではなぜ、ブラックホールや宇宙の観測にX線が使われるのでしょうか。

電磁波は波長が短いほどエネルギーが高くなります。つまり、可視光線よりもX線の方がエネルギーは高いのです。

太陽の表面温度は約６０００℃。

太陽ほどの熱エネルギーを持つ天体は、主に可視光線を発生させるので観測することが可能です。

しかし、宇宙にはさらに大きなエネルギーを持つ天体が無数に存在します。超高温で高エネルギーの天体は、可視光線よりもX線を多く発生させます。要するに、可視光線をほとんど発生させず、より高エネルギーのX線を多く発生させる天体が宇宙にはたくさんあるのです。よって、X線を観測することで、今まで見えなかった画像が見えるようになるというわけです。

X線のエネルギーは高エネルギーですが、地球の大気によって減衰されるため、地上まで届く量はごくわずか。宇宙で観測することが重要です。

X線によるブラックホール発見の歴史

１９７０年、アメリカは世界で初めてX線観測用の人工衛星ウフルを打ち上げます。そしてX線を解析し、太陽よりも重く巨大な中性子星やパルサーがX線の発生源であることを突き止めます。可視光線では見えなかった、中性子星やパルサーをX線で見ることによって、今まで知ることができなかった特徴を発見できるようになったのです。

Ｘ線のデータを解析していくと、これまでの研究では説明がつかないデータが出てきました。

はくちょう座Ｘ－１という天体です。

はくちょう座Ｘ－１をいくら詳しく解析しても、従来の天体の特徴に全く当てはまらないのです。興味を持った天文学者や科学者たちが精密に分析した結果、はくちょう座Ｘ－１は何かを中心に高速回転していることがわかります。

しかし、中心にある天体を観測しようとしても、そこには何も発見されません。これがのちに発見される、ブラックホールなのです。

その後、さらに解析した結果、はくちょう座Ｘ－１の公転速度は、太陽の約30倍の質量を持つ物体が自己重力崩壊した物体に適合することが判明し、そのブラックホールのサイズと質量が推定されました。

その後、ブラックホールの研究が進められ、２０１１年8月にはＸ線観測装置が世界で初めてブラックホールと思われる天体に星が吸い込まれる様子を観測。

そして２０１９年4月、ブラックホールの輪郭であるブラックホールシャドウを観測。ブラックホールを直接観測することに成功したのです。

ブラックホールはどのように誕生したか

あらゆる物質、電磁波をすべて吸い込むブラックホールは、どのように誕生したのでしょうか。

宇宙には太陽のような星が無数にあります。その成分は水素です。星は水素の巨大な集まりであり、重力で丸く固まっています。星の中心では水素同士が融合し、莫大なエネルギーを放出。重力によって星を押し縮める力に、核融合のエネルギーが反発しながら星の形を保っています。

太陽よりも圧倒的に重い星は、水素がヘリウムへ融合し、さらにヘリウムが炭素や酸素に融合、最終的に鉄が作られます。鉄は核融合によってエネルギーを放出しないため、核融合は停止。星は内側から反発する力を失います。

反発する力を失った星は光の4分の1の速度、まさに一瞬で収縮します。収縮は星の中心で跳ね返り、反動によって星は一気に物質を放出、これが超新星爆発です。このとき、星のサイズが太陽の10〜20倍ほどならば、爆発ののちに中性子星が残ります。

中性子星については第2章で紹介しています。

そして、星のサイズが太陽の30倍以上になると、超新星爆発ののち、ブラックホールが生成されます。

ブラックホールの中を知るには

ブラックホールはその名の通り黒い穴で、光を一切発しません。目に見えるのは事象の地平線であり、地平線の向こう側は見ることはできません。

事象の地平線より内側からブラックホールを脱出するには、光よりも速いスピードが必要です。要するに、ブラックホールから脱出することは不可能ということ。

では、ブラックホールの中心はどうなっているのでしょうか。

ブラックホールの中心は特異点と呼ばれ、特異点は密度が無限大です。体積のない点にすべての質量が集中しています。しかし、これは一般相対性理論上の予測であり、実際のところ、ブラックホールの中がどうなっているかはわかっていません。

ブラックホールの中心を知りたいのならば、実際にブラックホールに入ってみればよいのです。

ブラックホールに入っていく人を外から眺めると、徐々にゆっくりと落ちていき、最終的には止まり、赤くなって消えていきます。

一方、ブラックホールに落ちている人自身は、自分の周りの時間がどんどん早くなる未知のアトラクションを経験できます。

ブラックホールに落ちていくと、「重力の強さの差」がどんどん大きくなります。初めは1mほどの差で感じていた重力の強さの差は、10㎝、1㎝とどんどん幅が小さくなっていきます。これを潮汐力と呼びます。潮汐力によって、足と頭が引っ張られ始め、ブラックホールの中心に近づくにつれ次第にその力は強くなっていき、体は引き裂かれます。その後も重力の差は強くなり、分子の結合を引きちぎり、原子を分解し、素粒子にまで分解されます。

ブラックホールの種類

ブラックホールには二つのタイプが存在します。

回転するブラックホールと、回転しないブラックホールです。

回転するブラックホールからはエネルギーを取り出すことができます。

広げた足を閉じると回転が速くなるスケート選手と同様に、もともと大きな星がつぶれたブラックホールの回転は超高速です。

一般相対性理論が記述するブラックホールは体積がない点であり、その点に限れば回転することはできません。

一方、ひも理論がブラックホールを記述すると、ブラックホールの中心は、体積のない線が、輪ゴムのようになっています。この輪ゴムが想像を絶する速度で回転します。その速度はあまりにも速く、周りの時空を引きずり回します。

回転する時空の速さは光の速さ以上です。

ブラックホールの回転で引きずられる時空の速さが光速を超える領域を「エルゴ球」と呼びます。

ブラックホールの回転速度が速い場合、エルゴ球は事象の地平線よりも外側になるため、エルゴ球に侵入してもそこから出ることが可能です。

エルゴ球とエルゴ球の外側の時空の速度差は光の速さ以上。一方、時空の中の物質や電磁波は、光の速さ以上で動くことはできません。よってエルゴ球に侵入した物質や電磁波は、無理やりエルゴ球によって動かされます。

これによって、エルゴ球に侵入するだけで、ブラックホールの回転エネルギーを受け取ることが可能なのです。ブラックホールが持つエネルギーは、銀河に存在するすべての恒星が数十億年で発生させる量に匹敵します。

ブラックホールのエネルギーを取り出すことができれば、まさに無尽蔵のエネルギーを手に入れることが可能です。

ブラックホールにまつわる問題

無限大のエネルギーが期待されるブラックホールも、一方で、人類に大きな問題を持ちかけています。それが「ブラックホール情報パラドックス」です。パラドックスを理解するために、順を追って見ていきます。

問題❶ 情報

ここでいう「情報」は、量子理論における情報であり、一言で言うなら、粒子の並び方です。

美しい輝きで人を魅了するダイヤモンド。ダイヤモンドは炭素でできています。同じく炭素でできているものがあります。それは、火力発電に利用する石炭です。石炭もダイヤモンドもたった一つの元素である、炭素からできています。

しかし、石炭とダイヤモンドは全く別のものです。この違いを生み出しているのが、炭素の並び方です。

元素記号で表す、C（炭素）は、その並び方の違いだけで、ダイヤモンドにも石炭にもなることができ、並び方を決めているのが情報です。「炭素をどのように並べるのか」という情報がダイヤモンドなのか、それとも石炭なのかを決定しています。

ダイヤモンドが特殊というわけではありません。

目の前のスマートフォン、今日食べたお昼ご飯、そして細胞でできているあなた自身も、その細胞も細かくしていくと分子になり、分子も原子で構成されています。そんな原子も陽子や中性子でできており、陽子や中性子は素粒子の並び方が性質を決めています。

要するに、宇宙のほとんどすべてのものは、量子で構成され、その並び方の違いで地球、家、車、食べ物、あなた自身が作られています。

この並び方の違いが情報であり、情報がなければ宇宙のすべては同じものになってしまいます。

問題❷ 情報の保存

量子力学の理論では、情報が消えることはありません。例えばあなたが、書き込んだ手帳に火をつけ燃やしたとします。手帳は灰になり、元の手帳に戻すことは絶対にできません。

しかし、もし燃えカスに含まれる炭素を一粒ずつ集め、火をつけたときに燃えた炎の動きや熱、煙をすべて正確に測定すれば、理論的にはあなたが毎日書き込んだ手帳をそのまま再構築することは可能です。手帳を燃やしたとしても、手帳の情報は消滅しないのです。世の中の事象も同様です。この宇宙で発生するすべての事象は量子の相互作用によるものであり、現存する、宇宙のすべての情報を手に入れれば、あらゆる事象は計算によって構築できます。現在の宇宙の情報をすべて手に入れれば、ビッグバンまでの宇宙の歴史をすべて見ることが可能になります。

この原則は現代物理学の最も基本的な原則です。

わかりやすく言うならば、情報が保存されることを前提に現代物理学は構築されており、情報が保存されない場合、１００年以上研究され続けてきた現代物理学は根底から崩れ去り、再び最初からやり直しです。

情報の保存を理解すると、次の疑問が生まれます。

「ブラックホールに吸い込まれた物の情報は、どうなってしまうのか」

ブラックホールには、電磁波などすべて一切後戻りできない境界である、事象の地平線が存在します。この境界があるために、ブラックホールの中身がどうなっているのか知ることはできません。

ブラックホールとブラックホールの外の世界は完全に切り離されています。ブラックホールに物が落ちた場合、それを取り出すことは永遠にできません。情報も同様に、ブラックホールに落ちた物に含まれていた情報は永遠にブラックホールに入ったままです。

ただし、それは問題ではありません。

ブラックホールといっても、それは我々の宇宙の一部です。ブラックホールに落ちた情報がブラックホールに存在し続けるなら情報は保存されていることになります。

しかし、1974年にスティーヴン・ホーキングが提唱したホーキング放射によって問題が発生します。

吸い込むだけであり、永遠の存在であるとされたブラックホールには、実は寿命があることが判明します。空間には量子揺らぎが存在し、エネルギーから対の粒子が生まれては消える現象が起こっています。この現象がブラックホールの事象の地平線のちょうど境で発生した場合、片方の粒子だけブラックホールから脱出する可能性があります。

これによって、ブラックホールは少しずつエネルギーを放出し、しぼんでいきます。

これをホーキング放射といいます。

ブラックホールはホーキング放射によって、少しずつ小さくなっていき、最終的にはわずかな電磁波を放出し消えてしまいます。そして、厄介なことに、ホーキング放射には情報が含まれていません。要するに、今までブラックホールが吸い込んできたすべてのものは、エネルギーとなって放出され、情報は消滅してしまうのです。

もし、情報が保存されず、消滅してしまうなら、現代物理学が崩壊します。

これが、ブラックホール情報パラドックスです。

現代物理学が示すホーキング放射が正しい場合、情報が保存されないため、現代物理学が崩壊し、そもそもホーキング放射を説明することができなくなります。

このパラドックスを解決する方法はあるのでしょうか。

「ブラックホール情報パラドックス」は解決できるか

ブラックホール情報パラドックスの解決には有名ないくつかのパターンがあります。

① 結局のところ情報は保存されず消える

この場合、現代物理学はすべて白紙に戻り、一から物理法則を再構築しなくてはいけません。人類が作り上げ、発達させてきた研究は全く無駄だったという結論になります。

唯一の希望は、ゼロから物理法則を考える楽しみが残っているということでしょうか。

② 情報は私たちとは別の宇宙に保存される

ブラックホールの一部が分離し、別の宇宙を作り、情報はそこに保存されます。

これはアインシュタイン－カルタン理論によって予測され、これが正しいのならば、現代物理学は崩壊しません。

しかし問題もあります。アインシュタイン－カルタン理論と一般相対性理論は、高密度になるブラックホールの中心をそれぞれ別の解で記述します。要するに、情報は保存されますが、別の宇宙に閉じ込められた情報を、我々が再びアクセスしたり取り出すことはできず、この方法でパラドックスを解決したとしてもあまり有益ではありません。

③ 結局のところ情報は保存されている

ブラックホールに投げ込んだ情報は、実は消えずに残っているという解決方法です。原理はブラックホールの特徴そのものです。

ブラックホールを作るのは簡単です。

絶対に壊れない丸い容器を準備します。容器の中に、物質をどんどん詰め込んでいきます。容器はいずれいっぱいになり、もう何も入れることはできなくなります。

絶対に入らないはずの容器に、無理やりほんのもう少しの物質を押し込むとどうなるでしょうか。ブラックホールが誕生します。

こうしてできたブラックホールですが、すでにブラックホールの容量は決まっています。そこに無理やり物質を突っ込むとどうなるでしょうか。

ブラックホールは突っ込んだ物質の分だけサイズが大きくなり、ほんのわずか表面積が増えます。要するに、情報の量は、ブラックホールの表面積で表すことができるのです。

そして、ブラックホールに物を投げ込むと、池に投げた小石が作る波のように、ブラックホールの表面を変化させ、そこに情報を保存するのです。

これが正しい場合、ブラックホールの記憶容量はすさまじく、観測されている最小のブラックホールでさえ、地球に人類が生まれてから現在までのすべての情報を保存できます。

この情報をすべて取り出せば、人類誕生から現在までを再構築できるのです。これを「ホログラフィック原理」といいます。

ホログラフィック原理が正しいなら、情報が保存されたブラックホールの表面で発生するホーキング放射によってブラックホールの情報を取り出すことができ、ブラックホール情報パラドックスは解決します。

ホログラフィック原理の課題

しかし、ホログラフィック原理には複雑な問題が残ります。

この問題を直感的に理解するのは難しいのですが、あえて表現するなら次のようになります。

私たちが住む宇宙は3次元の空間を持ちますが、ブラックホールの表面は2次元です。宇宙の情報はすべて2次元に保存されていることになり、この仕組みがホログラムです。

ブラックホールの内側は3次元であり、中に入っても私たちの宇宙となんら違いはありません。しかし、ブラックホールを外から見れば、ブラックホールは単なる2次元の面です。

ブラックホールはあまりにも極端で特別な天体ですが、同じ宇宙の基本法則に縛られます。

要するに、2次元のブラックホールは、そこに入ってしまえば、私たちと同じ3次元を認識します。言い換えると、もしホログラフィック原理が正しい場合、私たちは宇宙を3次元であると認識していますが、実は宇宙は2次元であることに気づいていないだけなのかもしれません。

ブラックホールの中にいる人が3次元だと感じるのと同様に、実は宇宙の表面は2次元であり、我々が住む宇宙は2次元が投影した3次元空間であるということです。

宇宙を構成しているものはエネルギーや物質ではなく、それは単なる2次元の面に記憶された情報そのものなのです。


ブラックホール情報パラドックス以外にも、物理学には様々なパラドックスが存在します。

物理学に限らず、私たちの周りのあらゆる物事にはパラドックスが存在します。

普段、我々が正しいと思い習慣化している行動は、実は気づいていない多くの問題を抱えているのです。

私たちの何気ない行動や考えのパラドックスを見つけ出し、問題を解決する努力を積み重ねるということが、自分自身を大きく成長させるに違いないはずです。

ダークマター

ダークマター。

それは、長年宇宙を研究し続けている人類が、いまだに解明していないエネルギーの一つです。望遠鏡でいくら観察しても正体を現さない一方、宇宙や銀河を理解するためには必ず解明が必要な未知のエネルギー。

ダークマターの正体と、現在進んでいるダークマターの研究について詳しく紹介します。

実感するかしないかは別として、私たちが日常、目で見て感じているもののほとんどは物質です。

窒素と酸素を吸い、水を飲み、スマホで動画を見ています。これらすべての物質は細かくしていくと分子になり、原子になり、素粒子にまで分解できます。

では、物質と異なる光はどうでしょうか。長年、人類は光の正体を解き明かそうとしてきました。その結果、光は電磁波であり、電磁波の正体は光子であることを発見します。

このように、観察可能な物質や、可視光線、X線を理論的に計算していけば、人類は宇宙のすべてを解明可能だと考えていました。しかし、1930年ごろから、知られている宇宙の物質だけでは説明がつかない現象が次々と明らかになります。


1933年、スイス人の天文学者、フリッツ・ツビッキーは、銀河が集まる銀河団の中の銀河それぞれの動きを観察。結果をビリアル定理の計算結果と比較する研究を行っていました。

ビリアル定理とは、粒子の動く範囲が有限であるとき、粒子の運動や質量、座標を計算できる便利な関係式です。

ツビッキーが、銀河団にある銀河の動きを計算したところ、ビリアル定理の計算結果と全く一致しないことが判明します。そのずれは非常に大きく、約400倍。望遠鏡で観察した銀河や銀河団は、計算から算出される質量の400分の1ほどしかなかったのです。

その後、望遠鏡技術の発達や、X線天文学の発達によって、従来では観測不可能だった銀河間ガスなどを含めた天体が見つかり、ビリアル定理と観測結果との差は少し縮まっていきました。

このまま観測技術が向上していけば、いずれビリアル定理と観測結果が一致すると思われたなか、新たな問題が浮かび上がります。

それは、銀河が、なぜ銀河の形で存在しているのかということです。

太陽系を見てみます。

太陽系の中心には太陽があり、その周りを惑星や準惑星、小惑星が公転しています。動いているのは太陽以外の天体だけでなく、重力は互いに相互作用するため、太陽もほかの惑星に引っ張られ動きます。しかし、太陽の重量があまりにも大きいため、太陽の位置はほとんど変わらず、惑星が太陽の周りを回転しています。

太陽の質量は太陽系全体の99・86％。太陽は、公転する天体を無視できるほど、太陽系で圧倒的な力を持っています。

惑星の動きを詳しく見てみます。

各惑星は、太陽と惑星の重力と遠心力が釣り合い、太陽の周りを回転しています。そしてその回転速度はケプラーの第二法則によって算出可能です。

太陽に最も近い水星の軌道速度は秒速47・36㎞。88日で太陽の周りを一周します。

水星よりも太陽から遠い地球の軌道速度は、秒速30㎞、約365・25日かけて太陽の周りを一周します。

太陽から最も遠い惑星、海王星の軌道速度は秒速5・43㎞、公転周期は約165年です。

要するに、太陽から離れるほど、軌道速度が遅くなり、公転周期が長くなっていきます。

これを回転曲線といい、中心の天体を離れるほど、速度は小さくなり、縦軸に速度をとったグラフでは右に下がっていきます。

では銀河はどうでしょうか。銀河も太陽系と同様に、中心には圧倒的質量を持つブラックホールを中心に、1兆個の天体が公転しています。

物理学者たちは、銀河も太陽系と同様に、銀河の中心に近い恒星ほど軌道速度が速く、遠い恒星は遅くなると考えました。しかし、観測の結果、中心に近い恒星も、遠い恒星も、ほぼ同じ軌道速度で移動していることが判明します。

天体の軌道は、単純に公転の中心と回転する天体だけの関係ではありません。恒星同士、恒星と中性子星など、各天体の重力相互作用を考慮する必要があります。しかし、これらを考慮したとしても、太陽系の回転曲線とは程遠いグラフを描いてしまいます。

回転曲線の予測値と観測値

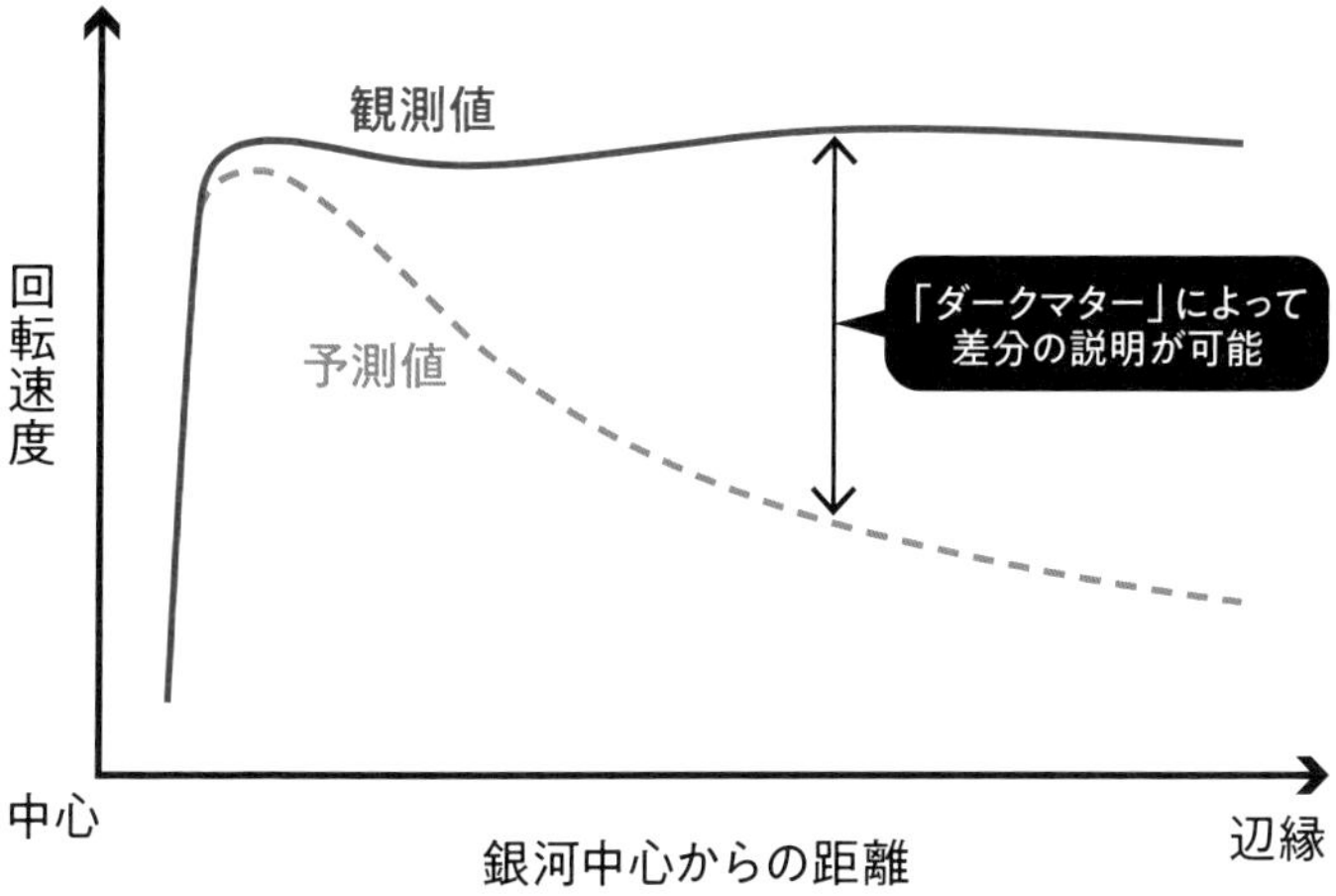

この結果から言えること、それは、現在の科学では観測できない未知の物質が存在しているということです。

物理学では、未発見の力や物質にダークを付ける習慣があり、銀河の構造を維持しているが、現在でも見つかっていない未知の物質という意味を込めて、「ダークマター」と名付けました。

銀河内のダークマターはどのように分布しているのでしょうか。

遠くの銀河と近くの銀河を比較することで、ダークマター分布の様子がわかります。距離が遠いほど電磁波の到達に時間がかかるため、過去の銀河を観察できるのです。

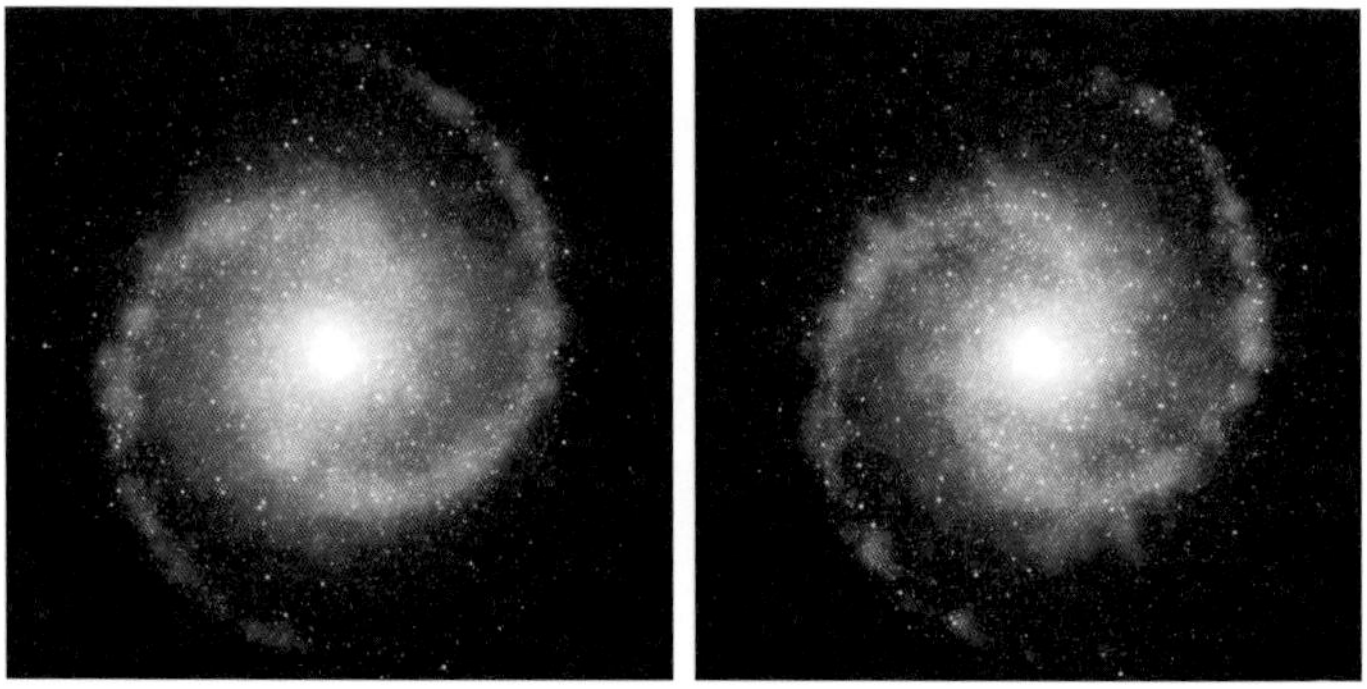

左：現在の銀河
右：100億年前の銀河

上の写真を見てください。左側は現在の銀河、右側は100億年前の銀河です。

そして赤色がダークマターを示しています。

この映像は視覚的にわかりやすいよう誇張されていますが、ダークマターの分布を理解するには最適です。

100億年前、銀河全体にダークマターが分布し、その影響がほとんどないため外側（河の外縁寄りの領域、中心部から比較的離れた領域）の回転はゆっくりになっています。

一方、現在の銀河はダークマターが中心部に集まり、外側の回転速度が速くなっています。

この結果から、生まれたばかりの銀河は、ダークマターが全体に拡散し、時間が経過するとともに、ダークマターが中心部に落ちていくことがわかります。

ダークマターの存在によって、恒星系を説明する回転曲線では、銀河を説明することができないのです。

ダークマターの存在や分布を示すのは、銀河の回転曲線だけではありません。例えば、重力レンズ。

アインシュタインは、質量は時空と相互作用することを一つの公式で表しました。一般相対性理論です。銀河や天体の質量によって、周辺の時空がひずみ、光が曲がったように観察できます。ダークマターは電磁波と相互作用しませんが、重力と相互作用することがわかっています。

よって、すでに知られている宇宙の3次元マップと、遠方から届く光を照らし合わせると、ダークマターがどのように分布しているのかを知ることができます。

実際に、日米欧の国際研究チームは、遠方の電磁波と重力レンズ効果を観察し、ダークマターの3次元マップを作成しました。

このほかにも、宇宙の背景放射、宇宙の構造、Ⅰa型超新星の距離測定、赤方偏移と空間のひずみ、ライマンαの森の観測などで得られる結果はすべて、ダークマターの存在と分布を裏付け、そこから導かれるダークマターの物理的性質は一致しています。
ダークマターは私たちの宇宙に確かに存在しているのです。

現在、宇宙が持つエネルギーのうち、人類が発見しているのは、物質や光子、そしてヒッグスであり、すべてを足し合わせても、全体の5％ほどしかありません。
一方、ダークマターは全体の27％ほど存在しています。
長年宇宙を研究している私たちが、今後さらに宇宙を観察し続けたとしても、現在の技術では宇宙の5％しか知ることができません。

ダークマターについて現在わかっていること、それはたったの3つだけ。

ダークマターは、
①通常の粒子ではありません。粒子なら検出可能です。
②反物質でもありません。反物質なら物質と衝突することで消滅し、強力なガンマ線を放出します。
③ブラックホールでもありません。ブラックホールなら、周囲にもっと強力な影響を与

えます。


現在、ダークマターの候補があり、二つの説が有望です。

一つは電子の10億分の1という圧倒的に軽い素粒子、「アクシオン」が存在する可能性。もう一つは、「WIMP」。要するに、弱い相互作用を持った巨大な粒子が存在する可能性です。

ダークマター候補❶ アクシオン

アクシオンとは「強いCP問題」を解決できる「ペッチェイ・クイン理論」に出てくる、未発見の素粒子です。

難しそうですが、理解するのは簡単です。

宇宙誕生初期に、ちょうど半分ずつ存在したはずの物質と反物質。

本来ならば、物質と反物質は互いにぶつかり強烈なエネルギー、ガンマ線を放出して消滅し、現在の宇宙は電磁波だけがさまよう寂しい空間になっていたはずです。これを「CP対称性」といいます。

しかし、現在の宇宙は物質にあふれ、銀河や恒星、惑星がひしめいています。つまり、何かの理由で物質が消えずに残ったのです。

この理由の一部を説明するのが「CP対称性の破れ」です。

そして、CP対称性を説明するとき、一部の矛盾が発生します。本来、破れているはずのCP対称性が成立しているかのように見える、素粒子物理学の問題です。これを「強いCP問題」といいます。

この矛盾を解決するのがアクシオンという未発見の素粒子です。アクシオンは電子の10億分の1と超軽量ですが、質量があり、電磁波と相互作用しません。まさにダークマターの特徴に当てはまります。

アクシオンは電磁波と相互作用しませんが、強い磁場の中でだけ、光子と相互作用する可能性があります。そこで、現在、世界各国の研究機関は、超電導を利用した超強力な磁力を使い、アクシオン検出に挑戦している最中です。

ダークマター候補❷ WIMP

ダークマターのもう一つの候補はWIMPです。

WIMPは、アクシオンに比べ、よりダークマターらしい存在です。重さは電子の100万倍と超重量級。これがどれくらいの重さかというと、WIMP一粒で、銅や銀の原子と同じ。また、ブドウ糖の分子やヒッグス粒子と同じくらいの質量を持ちます。

ＷＩＭＰは非常に重い粒子ですが、強い相互作用、弱い相互作用、電磁相互作用、重力の４つのうち、相互作用するのは弱い相互作用と重力の二つだけ。要するに、電磁場や可視光線を使って観測することはできません。まさにダークマターです。

アクシオンと同様、ヘビー級の粒子を調べるために、二つの大きな実験が進行中です。ＷＩＭＰの検出と、ＷＩＭＰの生成です。

WIMPの検出

ダークマターは私たちの周りにあふれる物質の5倍存在しています。

これほど量が多ければ、今この瞬間にも、あなたの周りにはたくさんのダークマターが存在している可能性が高くなります。よって、すでに身の回りにたくさん存在するであろう、ダークマターを検出するというのが、一つの大きな実験です。

カナダのオンタリオ州北部、地下２０００ｍに完全な球体の実験装置が埋められています。

この球体は、ダークマターの痕跡を見逃さないよう、24時間休まずデータを取り続けています。

ダークマターは電磁波と相互作用しません。しかし、ニュートリノと同様に、稀に物質と相互作用する可能性があります。そこで、液体アルゴンを使います。

アルゴンは非常に感度が高く、きわめて純度を上げられる物質です。球体の装置の中に、高純度のアルゴンを詰め込み、周りに検出器を設置します。

ダークマターとニュートリノの検出で最も異なるのは、ダークマターが物質に衝突する頻度です。超高エネルギーのニュートリノでさえ、世界最大のニュートリノ観測所が探知するのは年間10個ほどですが、ダークマターはさらに相互作用しづらいと考えられています。そこで、検出器の感度を上げる必要があるのです。

しかし、感度を上げると、ダークマターがアルゴンと反応したとしても、ノイズに埋もれて検出できません。

ダークマターを検出するためには、あらゆるノイズを侵入させないようにする必要があります。可視光線などの電磁波や、α線などの高速粒子等、あらゆる放射線を遮断する必要があります。そこで、山を掘ったり、鉱山の跡地を利用したり、ダークマター検出装置を含めた研究所ごと、地下深くに設置します。装置自体も入念な電磁波対策を行い、外部から一切電磁波が侵入しないように設計されています。

あらゆるノイズから遮断された容器の中。もうそこに入ることができるのは、ダークマターのみという極限の状態です。

ダークマターが容器の中に侵入し、アルゴンと相互作用すると、光子や泡が発生します。光子や泡を感知する超高感度のセンサーが、ダークマターの検出をひたすら待ち続けています。

ダークマターの研究は無駄なのか？

ダークマターを作る実験も進んでいます。

ダークマターの候補のうち、WIMPの重さはヒッグス粒子よりも少し重い程度であるはずです。そこで、ヒッグス粒子を作るのと同様に、世界最大の加速器LHCで陽子同士をぶつけ合う実験を続けています。一周が100㎞ほど、LHCの4倍の出力を持つ加速器の建設も計画が進行中です。

ダークマターという、得体の知れないものの検出や生成に、莫大な資金が投入され、多くの研究者が関わっています。

小さな粒子を発見するために行う巨大なプロジェクトは、効率が悪く、無駄に感じるかもしれませんが、そうではありません。

何度も紹介する通り、私たち人類は、地球を含む全宇宙を知るために、二つの理論を作り上げました。一つが、重力を説明する一般相対性理論。もう一つが、重力以外の3つの力を説明する量子論です。

一般相対性理論と量子論の研究が進み、私たちは宇宙の過去を知り、身の回りの技術革新が速くなりました。そして宇宙の謎の多くを説明できるようになったのです。

しかし、私たちが知っている宇宙は、全体のたったの5%。ダークマターの正体を解き明かすことができるのなら、今の5倍の宇宙を知り、その謎を一気に解き明かせるかもしれません。

これはまさに革命です。

暗く冷たく正体を現さないダークマター。

未知のエネルギーの正体を、人類が解き明かしたそのときに、私たちが宇宙に対して抱く好奇心はダークマターの割合以上に大きいはずです。

第7章

宇宙人

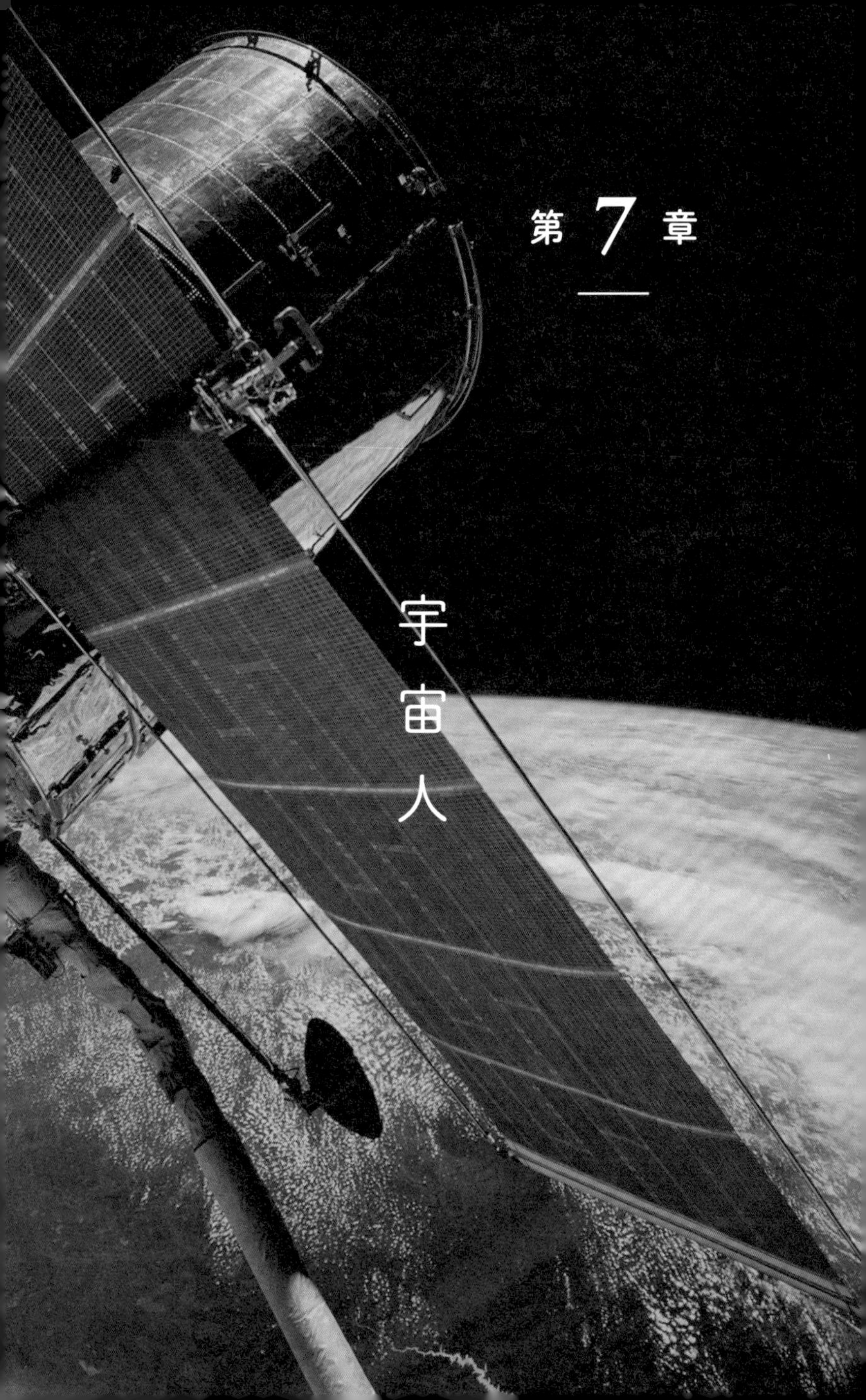

なぜ宇宙人と出会わないのか

「エウロパに微生物発見！」
「地球型惑星に動物発見！」
「銀河系に人類の知能を超えた知的生命体の遺跡を発見！」

こんなニュースが飛び込んできたら、私たちは心から喜び、興奮し、興味を抱くことでしょう。

しかし、地球外生命体の発見は人類にとって、最悪の瞬間になります。

宇宙に地球外生命体はいるか、いないか

東京からニューヨークまで飛行機で14時間。人間にとって地球は巨大です。

しかし、地球は巨大な太陽系の中のごく一部。太陽系にとって、非常に小さな存在です。

巨大な太陽系も、巨大な天の川銀河の中では砂粒よりも小さな小さな存在です。

天の川銀河には一説には３０００億個の恒星があり、そのうち、生命が存在可能な惑星は１００億個存在します。

宇宙には、そんな天の川銀河が１０００億個存在します。

こう考えると、どれだけ厳しく見積もっても、宇宙には生命がいないはずはありません。

しかし、我々は地球外生命体を発見はおろか、地球外生命体の痕跡すら、何も発見できません。


「これほど広大な宇宙なのに、生命体は本当に私たちだけなのか」

「地球外生命体はどこにいるのか」

「なぜ人類は、地球外生命体を発見できないのか」

この疑問に、一つの回答がふと思い浮かびます。それは、「宇宙のどこかに生命が誕生していたとしても、地球までの連絡手段がなく、発見できないだけ」だと。

しかし、これは大きな間違いです。理由は、生命の進化の原則です。

私たち地球に住む生命は、進化に伴い、居住領域を広げています。生命の進化とは、居住領域を広げることでもあります。

今から36～38億年前に、地球に生命が誕生します。10億年前には、すでに海は多種多様な生命であふれていました。さらに、今から4億年前には、生命が新たな居住領域を探し、陸に上陸します。

陸に上陸した生命は進化を続け、250万年前にヒト祖先が誕生します。その後、技術の発達によって、地球の資源の8割を利用できるようになり、宇宙に飛び立てるまでに成長しました。

海から陸へ居住エリアを拡張し、技術を手に入れ、次の進化は太陽系惑星へと広がっていきます。

太陽系の資源を利用できる技術を手に入れれば、次は必ず太陽系の外である、銀河の星々へエリアを拡大していきます。

これは、地球以外で生まれた生命も同様です。惑星で進化した生命は恒星系、そして銀河系へと住処を広げていくのです。

フェルミのパラドックス

宇宙の年齢は138億年。

銀河系にある100億個の生命が存在可能な惑星のどこかに生命が誕生していれば、我々よりも原始的な生命がいる一方、はるかに技術の進んだ生命がいるかもしれません。

もし、この100億個の惑星のいずれかに生命が誕生したなら、銀河系を自由に移動できる生命が間違いなく存在するのです。しかし、いくら探しても、地球外生命体の痕跡すら見つかっていません。

これは「フェルミのパラドックス」と呼ばれています。

どう考えても存在するはずの地球外生命体に遭遇しない理由は二つ考えられます。

一つは、そもそも生命の誕生自体が稀なことであり、宇宙には地球以外、一切生命が誕生しなかったという理由です。

銀河系でも100億個の生命が存在可能な惑星が存在するのに、たまたま地球だけに生命が誕生したのでしょうか。それはあまり現実的ではありません。

もう一つの理由は「グレートフィルター」です。

グレートフィルターは、惑星の隕石衝突や自然災害などといった生易しいものではありません。災害によって、地球の大部分の生命が滅んだとしても、数万年後には、生命は再び進化することができます。数万年というのは宇宙の年齢ではごくごく短い時間にすぎないのです。

生命が進化する過程で、必ずぶつかる障壁があり、生命はその障壁を絶対に越えられない――グレートフィルターは、そんな生命を根絶させる障壁なのです。

問題は、グレートフィルターがどこにあるかです。

グレートフィルターが過去に存在したなら、私たちは宇宙の中で、奇跡的にグレートフィルターを唯一越えた存在です。

この場合、未来は非常に明るくなります。宇宙で唯一の存在となり、今後も進化を続けることができるからです。

一方、グレートフィルターが未来にある場合は最悪です。私たちは、いつか将来確実に滅びることになるからです。

グレートフィルターによる人類滅亡シナリオ

グレートフィルターがどこにあるのか推定するには、地球外生命体の存在が重要です。そして、発見した地球外生命体の知能レベルが高いほど人類滅亡の危険度が高くなります。

例えば、火星に微生物が発見されたケースで考えます。

もし火星に微生物が発見された場合、広大な宇宙に生命が誕生したのは地球だけではないことが確定します。

冒頭に紹介した、我々が住む天の川銀河だけでも100億個の生命が存在可能な惑星が存在します。

よって、銀河のあらゆる場所で生命が誕生していることになります。

138億年という長い宇宙の歴史の中で、もし地球よりも「たったの」1億年早く生命が誕生していれば、我々人類をはるかに超える技術を持つ生命も何百、何千、何万と存在することになります。

銀河内を自由に移動できる技術を持つ生命も、確率的には必ず存在することになります。しかし、現在、銀河に住む知的生命体は見つかっていません。つまり、過去に存在したとしてもグレートフィルターによって滅びたということを示唆します。

すると、グレートフィルターは、少なくとも、火星で見つかった微生物誕生以降に存在することになります。

多細胞生物へ変化することが障壁なのでしょうか。知能を持つことに障壁があるのでしょうか。人間よりも進んだ技術を持ったことに障壁があるのでしょうか。

要するに、地球外生命体が見つかった場合、見つかった生命体の進化の過程以降に障壁がある可能性が高いことになります。

では、もし地球以外に人間より進んだ技術を持つ生命体の遺跡が見つかった場合、どうなるのでしょうか。

グレートフィルターは必ず未来に存在することになり、人類滅亡が確定するのです。

そもそも、グレートフィルターが何かはわかりません。

しかし、グレートフィルターは知能を持った生命の宿命なのかもしれません。生命を根絶できる技術を持ったとき、自らを滅ぼしてしまうのかもしれません。核兵器の打ち合いや、回復不能な環境破壊で惑星に住めなくなってしまうことなど、意図せず自滅を選択していることも考えられます。

宇宙を発見した我々は、いつも同じ問いを持っていました。

「果たして宇宙に存在する生命は我々だけなのだろうか」と。

そして、地球外生命体を見つけるために、多くの探査機を宇宙に送り込んでいます。

我々だけが存在する宇宙は非常に孤独です。

しかし、生命の誕生が宇宙では奇跡であり、我々が孤独な存在であることが、人類にとって幸せなのかもしれません。

文明はどこまで進化するか

約3000億個――。

この数字は、私たちが住む天の川銀河にある恒星の数といわれています。

そして、恒星を回る惑星の数は合計8000億個以上。

最新の研究によって、地球と同じように、生命が存在可能な環境を持つ惑星は100億個と推測されています。

地球と環境がほとんど同じ惑星は3億個以上と考えられています。

生命が存在可能な惑星が多く存在する一方、私たちはいまだに地球外生命体と遭遇したことはありません。これほど巨大な銀河にもかかわらず、なぜ宇宙人と遭遇しないのでしょうか。

もし存在するなら、どんな姿なのか。地球外生命体の「姿」について考えてみましょう。

3つの「生命の文明」

天の川銀河のサイズは直径10万光年。宇宙最速の光で突き進んだとしても、端から端まで10万光年かかります。

電磁波でコンタクトを取ろうとしても、広大な銀河の中では時間がかかりすぎます。

そもそも地球人とコンタクトを取る意志がある生命はいないかもしれません。

地球外生命体は、地球人のような原始的な生命に興味がないかもしれません。

そもそも、私たちのような生命体の姿はまれであり、想像もつかないような生命の姿をしているのかもしれません。

地球外生命体の有無を考えれば考えるほど、謎が深まるなか、一人の天文学者が一つのきっかけを与えてくれます。

その天文学者は、ニコライ・カルダシェフ。宇宙文明をいくつかにカテゴライズし、地球外生命体の姿を表現しています。

それが、「カルダシェフ・スケール」です。

今から36～38億年前、地球に生命が誕生します。誕生から30億年以上かけて地上に進出した生命は、進化を加速させます。長い時間をかけ進化した生命。

それに比べればつい最近の200万年ほど前、人類の先祖は初めて石を使った狩りを始めました。数人から数十人という少数で暮らしていた人々は、集団で暮らすメリットを学び、村を作り、効率よく暮らし始めます。

村の単位はどんどん大きくなり、現在の私たちの姿にまで成長しました。

カルダシェフ・スケールは、このような地球生命の歩みを基に、生命の文明を大きく3つに分類しています。

タイプ1：惑星の資源を利用して活動する文明
タイプ2：恒星系の資源を利用して活動する文明
タイプ3：銀河系の資源を利用して活動する文明

タイプ1は、狩りをして暮らしている文明から、ロケットで宇宙旅行できる文明まであり差がありすぎます。そのため、タイプ1は細かく、タイプ0～1・00まで分類しています。

ちなみに、現在の地球は0・72です。化石燃料の多くを掘り出し、ウランやプルトニウムからエネルギーを取り出すことができます。

しかし、惑星の資源は有限です。エネルギー消費量は指数関数的に増加しており、このままではあと200年ほどで、地球資源がなくなってしまうといわれています。

そして近未来の、期待されているエネルギー源は、核融合です。水素を核融合すると、質量が減少し、減少した質量分のエネルギーを取り出すことができます。

エネルギー獲得の進化

反物質を使う方法もあります。物質と反物質を衝突させると質量が0になり、すべての質量がエネルギーに変換できます。

エネルギー効率は核融合の1000倍以上もあります。そのため、未来のエネルギーのように感じますが、じつはそうではありません。反物質はこの宇宙に存在しないため、石油を採掘するように資源を手に入れることは不可能です。

また、反物質を作るには、反物質と物質から取り出せるエネルギーの1億倍ほどのエネルギーが必要です。

よって、反物質をエネルギー源として利用することはできません。

科学技術が発達し、ほかの惑星から資源を手に入れたとしても、人類がこのまま地球に住み続ければ、西暦３０００年ごろには、エネルギー消費量の大きさから、地球環境を大きく変え、生命が住めなくなるともいわれています。

そこで人類が目指すのは、隣の天体、月や、近隣の惑星です。

地球で消費できなくなった莫大なエネルギーを、近くの天体から回収したり現地でそのまま利用したりします。月には大量の資源があり、小惑星にも貴重なレアメタルが多く含まれています。

地球を脱出した地球生命は、次第にほかの惑星に定住し始めます。惑星を改造し、多くの資源を利用できる技術を手に入れます。

そして人類は、ついに、究極のエネルギー源、太陽エネルギーを自由に利用するようになります。

それが、「ダイソン球」です。ダイソン球は、太陽を取り囲み、太陽のエネルギーを余すことなく活用する巨大な構造物です。ダイソン球の完成は、タイプ１だった文明がタイプ２に移行する大きな転換点です。

ダイソン球からは、無尽蔵のエネルギーを手に入れることができます。

使えるか使えないかは別として、現在、地球に降り注ぐ太陽エネルギーは、全世界が消費するエネルギーの70倍です。そして、太陽が放出する全エネルギーは、地球に降り注ぐ量の1億倍。つまり、太陽エネルギーをコントロールできれば、惑星を自由に改造したり、惑星の軌道を変更したり、太陽系を丸ごと移動させるエネルギーも手に入れられるのです。

3000年後に、恒星を支配する

エネルギー消費量の増加率を考えると、私たちは、あと3000年ほどで、恒星系のエネルギーをすべて利用できるタイプ2の文明になるはずです。

たったの3000年と不思議に思うかもしれませんが、それほど私たちのエネルギー消費量は指数関数的に増加しています。タイプ2の文明になってもまだ好奇心が残っているなら、太陽系にとどまらず、近くの恒星系に進出したくなるでしょう。

太陽から最も近い恒星、ケンタウルス座の星までの距離は4光年です。ほかにも、数十光年の範囲には数十個の恒星がありますが、現在の技術ではあまりにも遠い距離です。しかし、タイプ2の文明なら、恒星間の移動は不可能とは思えないほどの技術を持っているはずです。

かつて人類にとって空を飛ぶことも、さらに月に行くことなど夢物語だったのと同様に、現在の私たちが、ケンタウルス座α星に出かける夢を、タイプ2の文明は実現しようとするでしょう。

銀河系を支配する文明

ここまで、いろいろと語りましたが、タイプ3を目指す文明やタイプ3の文明を想像するのが急激に難しくなります。なぜなら、タイプ3の文明は、銀河に存在する3000億個の恒星のエネルギーを自由に使い、銀河の中心、ブラックホールからエネルギーを取り出せる文明だからです。

私たちが持つ、最新技術の延長線では想像すら不可能です。隣の恒星ですら、コミュニケーションをとるのに数年必要で、銀河サイズで見れば、電磁波を使っても10万年も必要です。果たして、そのような生命は、互いがコミュニケーションをとっているのでしょうか。全く別の種として生きているのでしょうか。それとも、新しい物理法則を発見し、時空の操作でもしているのでしょうか。

地球外生命体についてここまで理解すると、一つの疑問が生まれます。

「なぜ、私たちは、地球外生命体と遭遇しないばかりか、その痕跡すら発見できないのか」。これがまさに先に紹介した、フェルミのパラドックスです。改めて振り返ってみましょう。

地球が誕生したのは今から46億年前。138億年前に宇宙が誕生したと考えると、地球はまだまだ若すぎます。

地球生命が地球資源をエネルギーに変換して利用し始めたのは、たったの20～30万年前。つまり、タイプ0・72の文明になるまで20万年かかることがわかります。

銀河には、地球よりも20万年以上前に誕生した惑星がたくさん存在しています。20万年どころか、100万年、1000万年、1億年、10億年と、さらに古い惑星も存在しています。こう考えると、すでに天の川銀河には、地球と同じようなタイプ1にも満たない文明はもちろん、タイプ3の文明すら誕生していても不思議ではありません。

しかし、宇宙を観察し続けてきた人類は、まだ地球外生命体の痕跡一つ発見できていません。

地球よりも少し進んだタイプ0・8ほどの文明があるなら、コンタクトに電磁波を使う文明もあるでしょう。タイプ2を目指している文明があるならば、ダイソン球によって光度が急速に落ちる恒星もあるはずです。

電磁波という遅い手段をすでに使わなくなったタイプ3のような文明であるなら、恒星を移動させたり、一瞬でエネルギーを吸収したり、惑星を破壊したり、巨大な構造物を作ったり、銀河内では劇的な変化が起こっているはずです。

タイプ3の文明が活動したとき、周囲に出てくるエネルギーは相当大きいはずです。しかし、我々は、その痕跡を一切発見できていません。

一方で、私たちがこのように想像していること自体、もしかすると文明レベルの低い行為なのかもしれません。つまりタイプ3の文明から見た私たちなど、知的生命として認知するに値しない可能性もあります。もしくは、コミュニケーションという概念すらないかもしれません。

銀河群を支配する文明

カルダシェフ・スケールが定義する3つのタイプの文明以外に、さらに進んだ文明を考える科学者も存在します。

銀河系のエネルギーを自由に利用するタイプ3の文明は、隣の銀河を目指し、最終的には銀河群に存在する複数の銀河にわたってエリアを拡張していきます。これがタイプ4の文明です。

最新物理学からみても、移動可能な距離はせいぜい銀河群の中だけであり、どんなに高度な技術を持った文明でも、隣の銀河群に行くことは難しいのです。しかし、それはタイプ4の文明にとって、関係ないことかもしれません。そしてタイプ4の文明は、銀河群から抜け出す方法を発見するでしょう。

全宇宙を支配する文明、宇宙を抜け出す文明

銀河群を抜け出したタイプ4の文明は、宇宙中に広がっていき、やがて全宇宙を支配します。これがタイプ5です。

まだ終わりではありません。物理学者によっては、タイプ6の文明の存在を確信している人もいます。

タイプ6の文明は、宇宙を抜け出し、想像さえ許さない未知の何かを行っているはずです。

我々が抱く好奇心、宇宙とは何なのか、宇宙の外側には何があるのか？

タイプ6の文明とは、果たしてどんな文明なのでしょうか。

それとも、この宇宙を作ったのがタイプ6の文明なのでしょうか。

別の視点から文明を考える科学者も存在します。

タイプ1に満たない文明である私たちは、家や車を製造し、化学反応によって新しい材料を作り出します。

タイプ2やタイプ3の文明になると、分子や原子を直接操作し、想像もつかない複雑な構造物を作り出す技術を持ちます。

銀河群を飛び出すタイプ4の文明になると、原子核を操作し、さらには、素粒子を使って物質を直接設計し、未知の物質を作り出せるとしています。

そして、宇宙に広がったタイプ5の文明は、ダークマターやダークエネルギーを操作し、時間、空間を自由に操っている可能性があります。

カルダシェフ・スケールにはそもそも根本的な問題があると批判する専門家も多く存在しています。

私たちよりも技術が進んだ文明を想像するとき、考え方のベースにしているものが、私たちの過去の歴史です。そもそもタイプ2やタイプ3の文明には、私たちの考え方が通用しないという考えです。たくさんの蟻たちが、その視点から遠い将来を予測したとしても、人間の行動を理解できないのと同様です。

地球という家に住み、そこからちょっと飛び出す技術を手に入れた私たちにとって、宇宙はあまりにも広大です。そして、地球とはかけ離れた厳しい環境の宇宙は、私たちの進出を拒否しているように感じます。

一方、人気《ひとけ》のない山道に足を踏み入れる瞬間、未開拓の洞窟を探検するあのひと時。私たちが日常から離れ、ちょっと勇気を出して新しい場所に進んだとき、その緊張感と楽しさは、今後の宇宙開発と同様なのかもしれません。

地球から飛び出し、太陽系という大きな家を手に入れた数千年後の地球生命が、銀河系を目指すその瞬間。

技術が大きく進歩しても、彼らが感じる高揚感は私たちが感じているものと同じであるように感じます。

おわりに
～宇宙を知るとは、常識にとらわれないこと～

宇宙へようこそ。

本書を通じて、この言葉の世界観は変わったでしょうか。

家族と過ごす楽しい時間がある一方、満員電車のつらい通勤、そして人間関係に悩むこともあるでしょう。しかし、そんな私たちも広大な宇宙に浮かぶ小さな家「地球」という名の惑星の住人にすぎません。

そのときは大きな悩みであったとしても、同じ趣味を持つ仲間と会話をしたり、オンライン上の友達と会話が弾めば気分はすっきりします。

人は日常を過ごしやすくするために、自分で自分の世界を作り、その世界は時間が経つとどんどん小さくなっていきます。

そして、自分の中の悩みは、自分の世界が小さいほど大きくなります。


地球全体を見ても同様です。

国同士の争いや環境問題、同じ人間同士の問題も存在します。もしかするとそれは、地球という小さな世界の中に人類が住んでいるからなのかもしれません。


1985年6月、サウジアラビアの空軍パイロット、スルタンは、最年少でスペースシャトルのクルーに選ばれ宇宙に飛び立ちます。

宇宙から地球を見た彼はこう言いました。


最初の1日か2日は、みんなが自分の国を指さした。

3日目、4日目は、それぞれ自分の大陸を指さした。

5日目には、私たちの目に映っているのは、たった一つの地球しかないことがわかった。


国を隔てる国境など、宇宙から見えないのは当然のこと、私たちが日ごろ自分たちで作り出している世界と、世界の外を隔てる境は存在しません。

私たちが住んでいるのは、快適な地球という一つの家なのです。

宇宙に飛び出すと変わる世界観。

そして人類の目線はすでに宇宙へ飛び出しています。地球と宇宙を隔てて考えられてきた様々な理論は、一般相対性理論と量子論の登場によって、その境界はなくなっています。また、様々な理論から生まれる新しい技術開発によって、遠い宇宙はどんどん身近になっています。

宇宙に飛び出したときに、人類の世界観が大きく変わったように、火星に移住し、太陽系に広がっていく未来の世界観を実感してみたいものです。

最後になりますが、本書の結びとして午後正午の名前の由来についてご紹介します。

明治5年11月9日付の太政官達《だじょうかんたっし》第337号に、午前、午後の定義や時間の呼び方が掲載されました。

ところが、午後0時という言い方だけは記載されていません（一般的に「正午」を指す時刻です）。

正午とは、午前なのか午後なのか――。

そんな、答えが出そうで出ない特異点のような世界に、私は「宇宙のロマン」のようなものを感じてワクワクしました。

「午後」や「正午」という単語は現在も一般的に使われます。「では、『午後正午』という単語はあるのだろうか」。私は好奇心でグーグル検索をしてみました。もちろん私が突然思いついた言葉ですから、検索結果にはほとんどヒットしません。

ですが私は、ここでさらに遊び心が生まれます。この「午後正午」という言葉が一般的でないなら、自身のクリエイター名にしてみよう、と。

もちろん、正確な言葉の意味としては「ありえない（＝誤り）」でしょう。ですが科学の歴史を振り返れば、天動説のようにかつて「当たり前」とされていたことが、地動説へと大きく覆ることで進歩しています。

ですから「午後正午」という〝ありえない〟名前には、数々の常識を打ち破ってきた先人たちへの敬意や感謝の意味も込めているのです。

そんな私、午後正午は今グーグル検索に、「午後正午」という予測ワードが表示されるようになりました。そして、多くの皆様に応援いただいたことで本を出版します。

まったく注目されなかった、午後正午というワードを生み出せたこと、そしてたくさんの人たちから応援していただける喜び。
これを忘れず、たくさんの方に役立つ情報をこれからも発信していきたいと思います。

午後正午

2021年10月

日本科学情報（にほんかがくじょうほう）
ウェブ動画クリエイター。
天文学、物理学などに関する最新情報を「むずかしい数式なし」でやさしく解説するYouTube動画「日本科学情報」で活動をおこなう（筆名、午後正午）。チャンネル登録者数は16万人を超える。

YouTube
https://www.youtube.com/channel/UCU0KURiKTupBYVCK8rgG7Rw

渡部潤一（わたなべ・じゅんいち）
1960年、福島県生まれ。1983年、東京大学理学部天文学科卒業、1987年、同大学院理学系研究科天文学専門課程博士課程中退。東京大学東京天文台を経て、現在、国立天文台副台長・教授。総合研究大学院大学教授。太陽系天体の研究のかたわら最新の天文学の成果を講演、執筆など幅広く活躍している。
著書は、『最新 惑星入門』（朝日新書）、『面白いほど宇宙がわかる15の言の葉』（小学館101新書）、『新しい太陽系』（新潮新書）など多数。

宇宙一《うちゅういち》わかる、宇宙《うちゅう》のはなし
むずかしい数式《すうしき》なしで最新《さいしん》の天文学《てんもんがく》

2021年12月２日　初版発行
2024年11月30日　４版発行

著／日本科学情報《にほんかがくじょうほう》

監修／渡部《わたなべ》 潤一《じゅんいち》

発行者／山下　直久

発行／株式会社KADOKAWA
〒102-8177　東京都千代田区富士見2-13-3
電話　0570-002-301（ナビダイヤル）

印刷所／大日本印刷株式会社

●お問い合わせ
https://www.kadokawa.co.jp/（「お問い合わせ」へお進みください）
※内容によっては、お答えできない場合があります。
※サポートは日本国内のみとさせていただきます。
※Japanese text only

定価はカバーに表示してあります。

ISBN 978-4-04-605452-4　C0044